Angelstreber

FAKTEN, DIE KEIN FISCH WISSEN WOLLTE

Georg Petri

Bibliografische Information der Deutschen Nationalbibliothek.

Die Deutsche Nationalbibliothek verzeichnet diese Publikation in der Deutschen Nationalbibliografie; detaillierte bibliografische Daten sind im Internet über http://dnb.dnb.de abrufbar.

ISBN Softcover: 978-3-69033-067-1
ISBN E-Book: 978-3-69033-068-8

Originale Erstausgabe 2025

Elysion Commerce GmbH
Sodener Weg 16
65760 Eschborn

Lektorat: Daniele Albert
Satz und Layout: Aleksandar Petrovic
Umschlaggestaltung: Aleksandar Petrovic

Angelstreber

FAKTEN, DIE KEIN FISCH WISSEN WOLLTE

Georg Petri

Inhaltsverzeichnis

Einführung

Willkommen in der wunderbaren Welt des Angelns! Dieses Buch ist vollgepackt mit Fakten, die dich zum Lachen bringen, dich verblüffen und dir vielleicht sogar beim nächsten Angelausflug helfen werden. Oder zumindest hast du etwas zu erzählen, während die Fische wegbleiben. Angeln ist mehr als nur ein Hobby, es ist eine Lebensphilosophie, eine Meditation und manchmal auch eine Geduldsprobe, die selbst buddhistische Mönche zur Verzweiflung treiben würde.

In den folgenden 70 Fakten wirst du alles lernen, was du jemals über Angeln wissen wolltest und einiges, was du vermutlich nie wissen wolltest, aber jetzt trotzdem weißt. Von der richtigen Ausrüstung über geheime Techniken bis hin zu den skurrilsten Geschichten aus der Welt der Profi-Angler. Schnapp dir eine Tasse Kaffee, mach es dir bequem, und tauche ein in die faszinierende Welt der Haken, Köder und der ewigen Frage: Warum zum Teufel beißen die Fische heute nicht?

FAKT 1:

Die Geduld eines Engels

Ein durchschnittlicher Angler verbringt etwa 95% seiner Zeit damit, NICHT zu fangen. Das sind ungefähr 22 Stunden und 48 Minuten pro Tag voller hoffnungsvollem Starren aufs Wasser, wenn man großzügig rechnet. Wissenschaftler, die offenbar zu viel Zeit haben, vermuten, dass Angler dadurch eine Art Zen-Zustand erreichen, der sonst nur von buddhistischen Mönchen nach 40 Jahren intensiver Meditation auf einem Berggipfel in Tibet erreicht wird.

Der fundamentale Unterschied ist allerdings, dass Mönche keine durchnässten Socken haben, sich nicht vor Mücken verteidigen müssen, die offenbar vom CIA als biologische Waffen entwickelt wurden, und auch nicht erklären müssen, warum sie schon wieder mit leeren Händen nach Hause kommen. Studien zeigen, dass die Fähigkeit, stundenlang bewegungslos zu verharren, während man innerlich hofft, flucht und philosophiert, bei Anglern besonders ausgeprägt ist.

Diese einzigartige Kombination aus äußerer Ruhe und innerem Chaos macht Angler zu faszinierenden Studienobjekten für Psychologen. Interessanterweise entwickeln erfahrene Angler eine Art inneren Monolog, der zwischen philosophischen Betrachtungen über das Leben, praktischen Überlegungen zur Köderwahl und verzweifelten Gebeten an die Angelgötter wechselt. Dieser mentale Zustand wird in der Fachliteratur auch als angelinduzierte Meditation beschrieben.

FAKT 2:

Fischwetter ist kein Mythos

Fische beißen tatsächlich besser bei bestimmten Wetterlagen, und das ist keine Einbildung frustrierter Angler, die eine Ausrede für ihre Erfolglosigkeit suchen. Vor einem Gewitter sind Fische besonders aktiv, weil der fallende Luftdruck sie nervös macht und ihren Schwimmblasendruck beeinflusst. Man könnte sagen, Fische sind wie deine Tante Gertrude, die immer schon zwei Tage vorher genau weiß, wenn es regnet und die gesamte Familie mit Wettervorhersagen nervt, nur dass Fische nicht ständig über ihre schmerzenden Gelenke jammern und keine WhatsApp-Gruppe vollspammen. Bei Vollmond sind Fische übrigens besonders vorsichtig und zurückhaltend, vermutlich weil sie keine Lust auf nächtliche Angelabenteuer haben und lieber in Ruhe ihren Mondschein genießen möchten. Auch die Temperatur spielt eine massive Rolle: Bei plötzlichen Temperaturstürzen werden Fische träge wie Teenager am Montagmorgen, während warme Frühlingstage sie in einen wahren Fressrausch versetzen können. Die optimale Wassertemperatur liegt für die meisten Fischarten zwischen 15 und 20 Grad Celsius, bei der sie weder zu faul noch zu hyperaktiv sind.

FAKT 3:

Die teuerste Angelrute der Welt

Die teuerste Angelrute, die jemals in der Geschichte der Menschheit verkauft wurde, kostete unfassbare 4,3 Millionen Dollar. Sie war mit funkelnden Diamanten besetzt und komplett aus 18-karätigem Gold gefertigt, was sie zur wohl unpraktischsten Angelrute aller Zeiten macht. Der Käufer, ein mysteriöser Ölmagnat aus dem Mittleren Osten, hat damit nach zuverlässigen Quellen nie tatsächlich geangelt, was wahrscheinlich die intelligenteste Entscheidung seines Lebens war. Erstens würde ein Hänger an einem Ast oder Stein für einen sofortigen Herzinfarkt und vermutlich eine internationale Finanzkrise sorgen, zweitens würde das grelle Funkeln und Glitzern im Wasser garantiert alle Fische in einem Umkreis von 50 Kilometern verscheuchen und sie vermutlich bis nach Spanien in die Flucht schlagen, und drittens wäre die Rute ein Magnet für Diebe. Aber hey, sie sieht absolut fantastisch über dem Kamin aus und ist definitiv ein Gesprächsthema auf jeder Party! Die Rute wurde übrigens von einem berühmten Schweizer Juwelier in über 2000 Arbeitsstunden handgefertigt.

FAKT 4:

Fische haben Gedächtnis

Entgegen der weit verbreiteten und hartnäckigen landläufigen Meinung, dass Fische ein Gedächtnis von nur drei Sekunden haben, können sich Fische tatsächlich monatelang, manchmal sogar jahrelang, an wichtige Dinge erinnern. Besonders gut und mit erstaunlicher Präzision merken sie sich Köder, Situationen und Orte, die sie schon einmal in ernsthafte Schwierigkeiten gebracht haben. Das erklärt auf brillante Weise, warum genau der kapitale Fisch, den du letzten Monat nach einem 20-minütigen Drill schon fast an Land hattest und der im letzten Moment entkommen ist, jetzt deine frisch gegrabenen Würmer ignoriert wie ein trotziges Kleinkind sein ungeliebtes Gemüse am Mittagstisch. Wissenschaftliche Studien haben gezeigt, dass Karpfen sich sogar an menschliche Gesichter erinnern können und bestimmte Angler als Bedrohung erkennen. Manche erfahrene Angler schwören darauf, dass die Fische in ihrem Stammgewässer eine detaillierte Kartei über sie führen, komplett mit Fotos, Risikoeinschätzung und Notizen zu den bevorzugten Ködersorten. Forscher haben sogar beobachtet, dass Fische Warnrufe aussenden, wenn sie einen bekannten Angler am Ufer sehen. Die Intelligenz von Fischen wird massiv unterschätzt.

FAKT 5:

Der größte jemals gefangene Fisch

Der größte jemals mit Angel und Rute gefangene Fisch war ein monumentaler Weißer Hai, der unglaubliche 1664 Kilogramm auf die Waage brachte und 5,13 Meter lang war. Der epische Kampf zwischen Mensch und Bestie dauerte volle 5 Stunden und 15 Minuten, und der erschöpfte, aber triumphierende Angler musste danach drei Wochen intensive Physiotherapie über sich ergehen lassen, um seine völlig überlasteten Arme, Schultern und den unteren Rücken wieder in einen halbwegs funktionsfähigen Zustand zu bringen. Zum Vergleich und um die schiere Dimension dieses Monsters zu verdeutlichen: Das ist ungefähr so schwer wie ein ausgewachsener afrikanischer Elefant, 22 durchschnittliche Deutsche oder 5 vollbeladene Waschmaschinen. Die moralische Lehre dieser Geschichte ist klar und eindeutig: Manchmal, und zwar öfter als man denkt, sollte man einfach den Fisch gewinnen lassen, akzeptieren, dass man nicht der stärkste in der Nahrungskette ist, und sich stattdessen gemütlich ein paniertes Fischstäbchen aus der Tiefkühltruhe kaufen. Der Weltrekord-Hai wurde übrigens 1959 vor der Küste Australiens gefangen, und die Schnur hielt nur durch ein Wunder.

FAKT 6:

Angeln macht glücklich

Wissenschaftliche Studien von renommierten Universitäten haben eindeutig und zweifelsfrei bewiesen, dass Angeln den Stresspegel signifikant senkt, den Blutdruck reguliert und massiv Glückshormone wie Dopamin und Serotonin freisetzt. Der physiologische und psychologische Effekt ist direkt vergleichbar mit Meditation, Yoga oder einem entspannenden Spa-Tag, nur dass man dabei draußen in der freien Natur ist, frische Luft atmet und theoretisch sogar etwas Essbares zu Abend fangen könnte, was beim Yoga eher selten der Fall ist. Außerdem ist Angeln die einzige Sportart auf diesem Planeten, bei der das gemütliche Bier trinken, Nichtstun, in die Ferne starren und philosophische Gespräche über das Leben als aktive und legitime Teilnahme gelten und nicht als Faulheit kritisiert werden. Der therapeutische Effekt des Angelns wird sogar in manchen Ländern medizinisch anerkannt und bei Burnout-Patienten verschrieben. Kein Wunder also, dass es weltweit über 220 Millionen begeisterte Angler gibt, die regelmäßig ihre Ruten schwingen! Angeln reduziert nachweislich Angststörungen und Depressionen um bis zu 30%, wie Langzeitstudien zeigen.

FAKT 7:

Die älteste Angelrute der Welt

Die ältesten archäologischen Beweise und Funde für die Praxis des Angelns sind etwa 40.000 Jahre alt und wurden in verschiedenen Höhlen in Europa entdeckt. Unsere steinzeitlichen Vorfahren hatten zwar noch keine Hightech Carbon Ruten mit ultraleichten Ringen, keine ausgeklügelten elektrischen Bissanzeiger mit Bluetooth-Verbindung und auch keine wasserdichten Smartwatches mit Angelapp, aber sie hatten zwei entscheidende Dinge: Enorme Geduld und leere, knurrende Mägen, was vermutlich eine noch deutlich bessere und primitivere Motivation war als der moderne Wunsch nach dem perfekten Instagram-Foto. Die ersten primitiven Angelschnüre wurden mühsam aus Tiersehnen, Pflanzenfasern und geflochtenen Tierhaaren hergestellt und hielten überraschend gut. Die Haken wurden aus geschärften Knochen, Dornen oder primitiv bearbeitetem Metall gefertigt. Man stelle sich das nur einmal bildlich vor: 40.000 Jahre kontinuierlicher Angelevolution, unzählige technologische Durchbrüche und Innovationen, und wir modernen Angler verlieren immer noch frustrierend regelmäßig die Hälfte unserer teuren Haken an Ästen, Steinen und mysteriösen Unterwasserstrukturen. Manche Dinge ändern sich anscheinend nie, egal wie fortschrittlich die Technologie wird.

FAKT 8:

Fische können Farben sehen

Die meisten Fischarten sehen Farben nicht nur, sondern nehmen sie sogar deutlich besser und differenzierter wahr als wir Menschen mit unseren vergleichsweise beschränkten drei Farbrezeptoren. Besonders im flachen, lichtdurchfluteten Wasser können viele Fischarten sogar UV-Licht wahrnehmen, was für uns Menschen völlig unsichtbar ist. Das bedeutet in der harten Realität, dass dein Neon pinker Köder, der dir im Angelgeschäft so clever und unwiderstehlich erschien, für den Fisch unter Wasser leuchtet und blinkt wie ein außerirdisches UFO, das gerade zur Landung ansetzt, oder wie ein Warnsignal einer atomaren Katastrophe. Manche hochentwickelten Fischarten wie Forellen oder Barsche können bis zu 15 verschiedene Farbschattierungen und Nuancen unterscheiden und auseinanderhalten. Das ist deutlich mehr, als die meisten Männer bei einem IKEA-Besuch hinbekommen, wo alles beige oder grau aussieht. Kein Wunder also, dass die wählerischen Fische dein buntes Angleroutfit ganz genau unter die Lupe nehmen und kritisch bewerten! Studien zeigen auch, dass Fische bestimmte Farben mit Gefahr assoziieren, besonders grelle Neonfarben. Im trüben Wasser funktionieren allerdings gerade diese Signalfarben oft am besten, weil sie besser sichtbar sind.

FAKT 9:

Angelausrüstung sammelt sich wie von selbst

Der durchschnittliche Hobbyangler besitzt laut statistischen Erhebungen etwa 47 verschiedene Köder in allen erdenklichen Formen, Farben und Größen, obwohl er realistischerweise und ehrlich gesagt nur 3 bis 4 davon regelmäßig tatsächlich benutzt. Die restlichen 43 bis 44 Köder liegen vergessen in einer mysteriösen, staubigen Kiste im dunklen Keller, auf dem Dachboden oder in der Garage und vermehren sich dort offenbar nachts durch einen uns noch unbekannten biologischen oder magischen Prozess. Ähnliches gilt für die Sammlung von Angelruten: Man braucht rational gesehen eigentlich nur eine vernünftige Allround-Rute, besitzt aber irgendwie plötzlich fünf, sechs oder sogar mehr verschiedene Ruten, von denen jede angeblich für einen ganz speziellen Zweck unersetzlich ist. Wissenschaftler sind sich bis heute nicht vollständig sicher, ob Angelausrüstung sich nachts durch biologische Zellteilung vermehrt, ob kleine Ausrüstungselfen oder Trolle in den Angelgeschäften aktiv werden, oder ob Angler einfach eine nicht diagnostizierte Sammelstörung haben. Psychologen vermuten, dass das Kaufen neuer Ausrüstung den gleichen Dopamin-Kick auslöst wie das tatsächliche Fangen. Die Angelindustrie macht jährlich über 50 Milliarden Dollar Umsatz, hauptsächlich mit Dingen, die Angler eigentlich nicht brauchen.

FAKT 10:

Der teuerste Köder aller Zeiten

Ein antiker, historischer Angelköder aus dem alten Ägypten, der von Archäologen in einem Pharaonengrab entdeckt wurde, wurde für unglaubliche 18.000 Dollar auf einer prestigeträchtigen Auktion versteigert. Er bestand aus sorgfältig polierter Bronze und war kunstvoll mit detaillierten Hieroglyphen verziert, die vermutlich Glück und reichen Fang versprachen. Vermutlich hat auch dieser goldene Köder vor 3000 Jahren schon keine einzige Fischart erfolgreich gefangen, aber wenigstens sah er dabei absolut fantastisch und majestätisch aus und beeindruckte die anderen Angler am Nil. Der moderne durchschnittliche Angler gibt laut Marktforschung etwa 2.000 Euro pro Jahr für neue Köder, Haken und Zubehör aus, die er dann bedauerlicherweise beim ersten ungeschickten Wurf entweder im dichten Geäst eines Baumes oder am steinigen Grund des Gewässers für immer verliert. Das ist zwar deutlich günstiger als das ägyptische Luxus-Modell, tut aber beim Verlust emotional und finanziell genauso weh. Interessanterweise wurden die alten ägyptischen Köder mit Blattgold verziert, weil man glaubte, dass Gold die Gunst der Wassergötter gewinnen würde. Hat offensichtlich nicht funktioniert, aber die Idee war kreativ.

PROFI-TIPP:

Kaufe Köder in gedeckten, natürlichen Farben wie Braun, Grün, Silber oder Kupfer, sie funktionieren zuverlässig in fast jedem Gewässer und bei fast allen Lichtverhältnissen. Die neonpinke Sonderangebots-Sammlung vom Grabbeltisch kannst du getrost für das nächste 80er-Jahre-Kostümfest oder eine Motto-Party aufheben, aber erwarte keine Fangerfolge damit. Und denk immer daran: Fische mögen es in der Regel dezent und natürlich, nicht wie ein bunter Karnevalsumzug unter Wasser. Ausnahme: Extrem trübes Wasser, da funktionieren Signalfarben tatsächlich besser.

Ausrüstung

FAKT 11:

Die Schnur ist wichtiger als die Rute

Viele enthusiastische Anfänger machen den klassischen und teuren Fehler, eine hochpreisige, top-moderne Rute für mehrere hundert Euro zu kaufen und dann beim Kauf der Schnur zu sparen, indem sie zum billigsten No-Name-Produkt greifen. Das ist ungefähr so intelligent, als würde man einen brandneuen Ferrari für 200.000 Euro kaufen und ihn dann mit billigen Fahrradreifen vom Flohmarkt ausstatten. Eine gute, qualitativ hochwertige monofile Schnur hält bei ordentlicher Pflege und UV-Schutz etwa 3 bis 4 Jahre zuverlässig, eine schlechte Billigschnur reißt garantiert im absolut ungünstigsten und entscheidenden Moment, nämlich genau dann, wenn der legendäre Fisch deines Lebens, von dem du jahrelang geträumt hast, endlich am Haken hängt und kurz vor dem Kescher ist. Geflochtene Schnüre sind noch deutlich haltbarer, robuster und empfindlicher bei Bissen, kosten aber auch entsprechend mehr und erfordern spezielle Knoten. Die klug investierten 20 bis 30 Euro mehr für eine Qualitätsschnur könnten den entscheidenden Unterschied machen zwischen ewigem Anglerglück und einer frustrierenden Geschichte, die für immer mit den tragischen Worten beginnt: Es war so groß und dann ist die Schnur gerissen. Profiangler wechseln ihre Schnur übrigens mindestens einmal pro Saison.

FAKT 12:

Haken gibt es in 32 verschiedenen Größen

Angelhaken werden international in Größen von 1 bis 32 klassifiziert und standardisiert, wobei die Nummerierung völlig kontraintuitiv und für Anfänger maximal verwirrend ist. Größere Zahlen bedeuten paradoxerweise kleinere Haken, was ungefähr so logisch und nachvollziehbar ist wie die Hosengrößen-Systematik verschiedener internationaler Hersteller oder die Logik hinter Schuhgrößen in verschiedenen Ländern. Ein winziger Größe 32 Haken ist mikroskopisch klein und perfekt für zarte kleine Fische wie Rotaugen oder Ukelei. Ein massiver Größe 1 oder sogar Größe 1/0 Haken ist riesig, robust und könnte theoretisch auch einen mittelgroßen Hai ärgern oder zumindest sehr beeindrucken. Die meisten durchschnittlichen Angler brauchen realistisch etwa 8 bis 10 verschiedene Hakengrößen für unterschiedliche Situationen und Fischarten und verlieren sie alle mit schöner Regelmäßigkeit durch Hänger, Fehlwürfe oder einfach durch mysteriöses Verschwinden. Es gibt auch verschiedene Hakenformen: Rundhaken, Schonhaken, Drillingshaken, Widerhaken oder widerhakenlose Varianten. Jede Form hat ihre spezifischen Vor- und Nachteile. Profis haben oft mehrere hundert Haken sortiert in ihrer Ausrüstung.

FAKT 13:

Die Rolle macht den Unterschied

Eine gute, präzise gefertigte Angelrolle kann den fundamentalen Unterschied zwischen erfolgreichem Fangen und lautstarkem Fluchen ausmachen, und dieser Unterschied zeigt sich oft erst nach mehreren Angelausflügen. Billige Discounter-Rollen haben oft ein minderwertiges Getriebe aus Plastik, das sich beim Einholen anhört wie eine alte, rostende Kaffeemühle aus den 50er Jahren und ungefähr genauso effektiv ist beim tatsächlichen Fischfang wie ein Sieb beim Wassertransport. Hochwertige Markenrollen hingegen haben präzise japanische Kugellager, die so perfekt geschmiert und ausbalanciert laufen, dass selbst ein Schweizer Luxus-Uhrwerk vor Neid erblassen und Minderwertigkeitskomplexe entwickeln würde. Der erhebliche Preisunterschied zwischen einer 20-Euro-Rolle vom Grabbeltisch und einer hochwertigen 200-Euro-Rolle zeigt sich spätestens dann in voller Dramatik, wenn ein kampfstarker 10-Kilo-Fisch wie ein Wahnsinniger an der Schnur zerrt und du plötzlich nicht mehr weißt, ob du den Fisch verlierst, die Schnur reißt oder die Rolle spontan explodiert und in ihre Einzelteile zerfällt. Gute Rollen haben auch eine präzise einstellbare Bremse, die entscheidend ist. Die teuersten Rollen kosten übrigens über 1000 Euro und werden aus Titan oder Magnesium gefertigt.

FAKT 14:

Der Kescher wird oft unterschätzt

Statistisch gesehen gehen mehr wertvolle Fische beim finalen Landen am Ufer verloren als während des gesamten vorherigen Drills im Wasser, was viele Angler erst nach mehreren schmerzlichen Erfahrungen lernen. Der oft belächelte Kescher ist in Wahrheit der unterschätzte Held der letzten kritischen Sekunde, wird aber von unerfahrenen Anfängern gerne vergessen, ignoriert oder als unnötiger Ballast abgetan. Es gibt absolut nichts Frustrierenderes und Herzzerreißenderes auf dieser Welt, als den prächtigen Fisch deines Lebens 5 qualvolle Minuten lang zu drillen, jeden Fluchtversuch zu parieren, und ihn dann beim finalen Herausheben tragisch zu verlieren, weil du heldenhaft aber dumm versucht hast, ihn mit bloßen zitternden Händen zu greifen wie ein tollkühner Bär. Das ist ungefähr so schlau und durchdacht wie ohne Fallschirm aus einem fliegenden Flugzeug in 3000 Metern Höhe zu springen und dabei ernsthaft zu hoffen, dass einen am Boden jemand netter auffängt. Ein guter, stabiler Kescher mit gummiertem Netz kostet 30 bis 50 Euro und verhindert Jahre intensiver psychologischer Therapie, Albträume und Selbstvorwürfe. Profis haben oft mehrere Kescher: kleine für Forellen, große für Karpfen, und spezielle Watkescher.

FAKT 15:

Wirbel verhindern Schnurdrall

Wirbel sind kleine, unscheinbare metallische Verbindungsstücke zwischen Hauptschnur und Vorfach, die effektiv verhindern, dass sich die Schnur beim Einholen oder durch Strömung verdreht wie ein hyperaktiver Derwisch beim Tanzen. Ohne diese essentiellen kleinen Helfer dreht sich die Schnur kontinuierlich und sieht schon nach wenigen Würfen aus wie ein hoffnungslos verhedertes Wollknäuel nach dem wilden Angriff eines hyperaktiven, gelangweilten Kätzchens oder wie ein DNA-Modell aus dem chaotischen Biologieunterricht. Professionelle Angler schwören auf hochwertige Karabinerwirbel, die man schnell und werkzeuglos wechseln kann, ohne jedes Mal das gesamte Vorfach neu knoten zu müssen. Absolute Anfänger vergessen Wirbel komplett in ihrer Montage und wundern sich dann ratlos, warum ihre teure Schnur nach drei Angelausflügen aussieht wie ein komplexes dreidimensionales mathematisches Modell oder eine abstrakte Kunstinstallation. Ein praktischer 10er-Pack Qualitätswirbel kostet etwa 5 bis 8 Euro und spart unzählige Stunden nervenzerfetzenden Entwirren-Wahnsinns und unterdrückter Flüche. Es gibt auch spezielle Rolling Swivels für extreme Drehmomentsituationen und Ballbearing Swivels mit Kugellagern für Premium-Anwendungen.

FAKT 16:

Die perfekte Rutenlänge existiert nicht

Die richtige, optimale Rutenlänge hängt fundamental vom jeweiligen Gewässer, der Angelmethode und der Zielfischart ab, weshalb Profis oft eine ganze Sammlung verschiedener Ruten besitzen. Am kleinen, bewachsenen Bach mit dichtem Ufergebüsch reicht eine kompakte 2,10 Meter Rute völlig aus, am großen, offenen See oder Fluss darf es gerne eine längere 3,60 Meter oder sogar 3,90 Meter Rute sein, um größere Weiten zu erreichen. Viele pragmatische Anfänger kaufen eine 2,70 Meter Allrounder-Rute als Kompromiss und damit kann man tatsächlich in den meisten Situationen nichts grundlegend falsch machen, außer man versucht damit enthusiastisch vom kleinen Boot aus zu angeln und katapultiert versehentlich seinen teuren Köder mit voller Wucht in den nächsten Landkreis oder ins Nachbarland. Oder man steht im extrem dichten Ufergebüsch voller Brombeeren und Brennnesseln und verheddert sich ständig frustrierend in Ästen, Zweigen und Spinnweben. Die allgemeine Faustregel unter erfahrenen Anglern lautet: Je offener und größer das Gewässer, desto länger sollte die Rute sein. Bei ernsthaften Zweifeln nimm die mittlere Länge von 2,70 Meter und hoffe einfach das Beste. Spezialruten für bestimmte Techniken können aber auch 1,80m oder 4,50m lang sein.

FAKT 17:

Tackle-Boxen sind Zeitmaschinen

Eine perfekt gut organisierte Tackle-Box mit beschrifteten Fächern ist der absolute Traum jedes strukturierten Anglers, aber die harte Realität sieht meist völlig anders und chaotischer aus. Nach gerade einmal drei durchschnittlichen Angelausflügen verwandelt sich selbst das ordentlichste und durchdachteste System in ein kreatives Chaos aus hoffnungslos verhedderten Schnüren, rostigen Haken mit fragwürdiger Herkunft und Ködern, deren Ablaufdatum man besser nicht wissen möchte und die wahrscheinlich älter sind als manche Angler selbst. Manche passionierten Angler finden in ihren verstaubten Tackle-Boxen tatsächlich Ausrüstung und Köder aus den fernen 90er Jahren oder sogar noch älter. Das ist wie eine archäologische Ausgrabung oder eine Zeitreise, nur mit deutlich mehr Rost, komischen muffigen Gerüchen und der gelegentlichen unangenehmen Begegnung mit toten Insekten oder Spinnen. Die einzigen beiden praktischen Lösungen: Entweder regelmäßig und diszipliniert alle paar Wochen gründlich aufräumen und aussortieren, was kaum jemand tatsächlich macht, oder einfach pragmatisch jedes Jahr eine komplett neue Box kaufen und die alte auf dem Dachboden als Zeitkapsel lagern. Manche Tackle-Boxen haben über 30 verschiedene Fächer, was die Unordnung nur auf mehr Bereiche verteilt.

FAKT 18:

Wathosen haben eine tückische Seite

Wathosen sind theoretisch perfekt konzipiert, um bequem und trocken im Wasser zu stehen, ohne dabei nasse Füße oder schlimmeres zu bekommen. Theoretisch. In der harten Praxis gibt es aber immer diesen einen verhängnisvollen Moment, wo man übermütig einen mutigen Schritt zu weit ins tiefere Wasser geht und das kalte Wasser plötzlich triumphierend über den oberen Rand schwappt. Ab diesem kritischen Punkt verwandelt sich die Wathose blitzschnell in einen tragbaren, mobilen Swimmingpool, der sich kontinuierlich füllt. Das Problem ist, dass das eingedrungene Wasser physikalisch nicht mehr von alleine rausläuft, und man watschelt dann wie ein tollpatschiger Pinguin mit akuter Blasenschwäche und 20 Kilogramm Zusatzgewicht mühsam zurück ans rettende Ufer, begleitet von den Blicken anderer Angler. Der ultimative Profi-Tipp: Wathosen grundsätzlich mit einem stabilen Gürtel kaufen und tragen. Damit schwappt zumindest nichts katastrophal über den Rand, und man kann sich entspannt auf die anderen 47 kreativen Arten konzentrieren, wie man sich beim Angeln blamieren kann. Moderne Wathosen aus atmungsaktivem Gore-Tex kosten 200-400 Euro, sind aber jeden Cent wert. Neopren-Wathosen sind günstiger, aber weniger atmungsaktiv.

FAKT 19:

Polarisationsbrille ist kein Luxus

Eine qualitativ hochwertige Polarisationsbrille filtert effektiv die störenden Spiegelungen und Reflexionen vom Wasser und lässt dich dadurch klar darunter sehen wie durch ein magisches Fenster. Ohne diese spezielle technische Brille sieht man frustrierenderweise nur blendendes, glitzerndes Wasser und die eigene verschwommene Spiegelung. Mit der Brille kann man plötzlich Fische, Unterwasserstrukturen, Pflanzen und den detaillierten Grund klar erkennen. Das ist ungefähr der gleiche dramatische Unterschied wie zwischen altem analogem Fernsehen mit Schneegestöber und modernem 4K Ultra HD mit perfekter Bildqualität. Viele sparwütige Anfänger verzichten leichtfertig darauf und wundern sich dann ratlos, warum die mysteriösen Profis immer zielsicher wissen, wo sich die Fische aufhalten und welche Strukturen unter Wasser lauern. Die simple Antwort ist verblüffend: Sie können die Fische tatsächlich sehen! Eine ordentliche Polarisationsbrille mit UV-Schutz kostet ab 30 Euro für Einsteigermodelle und ist definitiv eine der besten und sinnvollsten Investitionen, die ein Angler jemals tätigen kann. Professionelle Modelle mit Wechselgläsern für verschiedene Lichtverhältnisse kosten 150-300 Euro. Es gibt verschiedene Farbtönungen: Braun für helles Licht, Gelb für trübes Wetter, Grau für Allround-Einsatz.

FAKT 20:

Der Angelschirm ist unterschätzt

Viele hartgesottene Angler lachen anfangs überheblich über Angelschirme und halten sie für überflüssigen Luxus für Weicheier, bis sie das erste Mal 4 endlose Stunden im strömenden Dauerregen oder bei brütender Hitze sitzen und ihre Meinung radikal ändern. Ein guter, stabiler Angelschirm mit mindestens 2,20 Meter Durchmesser schützt zuverlässig nicht nur vor unangehmem Regen, sondern auch vor intensiver Sonneneinstrahlung, nervigem Wind und neugierigen, störenden Blicken von Spaziergängern, Radfahrern oder anderen Anglern. Die wahren Profis haben sogar luxuriöse Schirme mit praktischen Seitenwänden und Moskitonetzen, die sie in kleine gemütliche Festungen verwandeln. Darin kann man bequem geschützt sitzen, entspannt Kaffee oder Bier trinken, ein Buch lesen und dem launischen Wetter gelassen trotzen. Der einzige signifikante Nachteil: Bei wirklich starkem Wind verwandelt sich der aufgespannte Schirm physikalisch in ein gigantisches Segel und man segelt samt kompletter Ausrüstung, Stuhl und Proviant unkontrolliert den See oder Fluss hinunter. Mary Poppins lässt herzlich grüßen. Gute Schirme haben deshalb Sturmstangen und Erdnägel zur Sicherung. Angelschirme kosten zwischen 40 und 200 Euro, je nach Größe und Ausstattung.

PROFI-TIPP:

Investiere lieber in eine vernünftige, solide Grundausstattung statt in viel bunten Schnickschnack und Gadgets. Eine qualitativ solide Rute (50 bis 80 Euro), eine gute, zuverlässige Rolle (50 bis 100 Euro), hochwertige Schnur (15 bis 20 Euro) und ein durchdachtes Set ordentlicher Haken und Wirbel (20 Euro) sind definitiv besser als zehn billige No-Name-Ruten vom Grabbeltisch. Qualität schlägt Quantität immer, besonders dann, wenn der Fisch deines Lebens unerwartet am Haken hängt und deine Ausrüstung auf die ultimative Probe gestellt wird.

Grundlagen der Technik

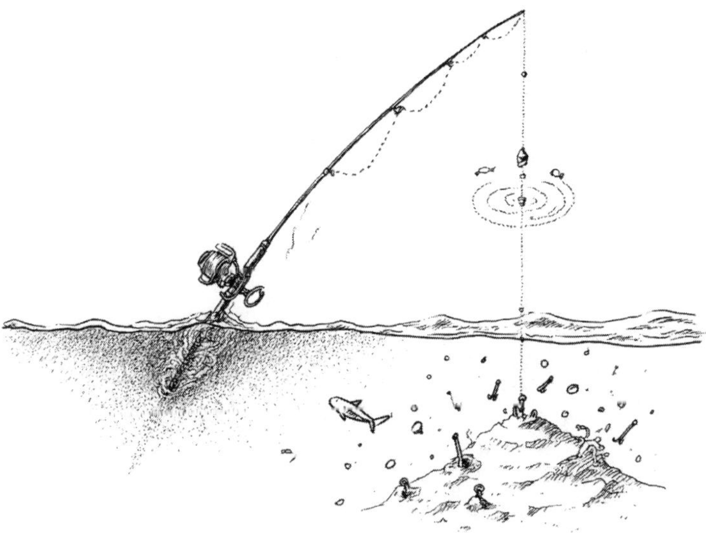

FAKT 21:

Der Wurf will gelernt sein

Ein guter, präziser Wurf sieht für Außenstehende leicht und mühelos aus, ist aber in Wahrheit eine komplexe Wissenschaft und Kunstform für sich. Die meisten unerfahrenen Anfänger peitschen die Rute unkontrolliert wie einen Säbel oder eine Peitsche und wundern sich dann ratlos, warum der Köder nur mickrige 2 Meter weit fliegt oder in eine völlig unbeabsichtigte Richtung segelt. Das gut gehütete Geheimnis liegt in der präzisen Technik und im richtigen Timing: Die Rute wird sanft und kontrolliert beschleunigt, nicht brutal und ruckartig geschlagen wie bei einem Karateschlag. Stell dir bildlich vor, du wirfst einen Tennisball elegant über eine hohe Telefonleitung, nicht mit voller Kraft gegen eine Wand oder den Kopf deines Nachbarn. Der perfekte Wurf endet damit, dass der Köder sanft und fast geräuschlos auf dem Wasser landet wie eine Feder. Der klassische Anfänger-Wurf endet damit, dass der Köder wie eine Fliegerbombe oder ein Meteor einschlägt, massiv Wellen schlägt, und dabei garantiert alle Fische in einem Radius von mehreren Kilometern panisch verscheucht und sie möglicherweise, bis Portugal in die Flucht schlägt. Profis üben ihren Wurf jahrelang und können auf 50 Meter Entfernung eine Bierdose treffen. Die Wurftechnik unterscheidet sich auch nach Methode: Überkopfwurf, Seitenwurf oder Pendel Wurf. Jede hat ihre Vor- und Nachteile.

FAKT 22:

Geduld ist tatsächlich eine Tugend

Wissenschaftliche Studien und statistische Analysen zeigen eindeutig, dass die meisten Fische entweder in den ersten aufregenden 15 Minuten nach dem Auswerfen oder erst nach geduldigen 2 bis 3 Stunden beißen. Das fundamentale Problem dabei: Man weiß leider nie vorher mit Sicherheit, ob man gerade in einer vielversprechenden 15-Minuten-Phase steckt oder sich in einer zermürbenden 2-Stunden-Phase befindet. Viele ungeduldige Anfänger werfen nervös alle 5 Minuten neu aus, weil sie fälschlicherweise denken, dass hektische Bewegung und Aktivität hilft und die Fische beeindruckt. In Wahrheit verscheuchen sie damit nur die Fische, die gerade vorsichtig dabei waren, sich für den verlockenden Köder zu interessieren und anzunähern. Die goldene Faustregel unter erfahrenen Anglern lautet: Mindestens 20 bis 30 Minuten geduldig warten, bevor man frustriert den Spot oder die Methode wechselt. Oder anders und moderner ausgedrückt: Lang genug, um gemütlich drei TikTok-Videos oder zwei YouTube-Clips zu schauen, aber nicht annähernd lang genug für eine komplette Netflix-Serie oder einen ganzen Spielfilm. Die optimale Wartezeit hängt natürlich auch vom Gewässer, der Jahreszeit und der Zielfischart ab. Karpfenangler warten manchmal 24 Stunden auf einen einzigen Biss und das mit Freude.

FAKT 23:

Der Anhieb entscheidet

Wenn die Pose aufregend zuckt, vibriert oder plötzlich abtaucht, oder die Rutenspitze verdächtig nickt und zittert, ist es höchste Zeit für den entscheidenden Anhieb. Aber Vorsicht und Konzentration sind geboten: Zu früh und hastig angeschlagen, und der vorsichtige Fisch hatte den verführerischen Köder noch nicht richtig und fest im Maul. Zu spät und zögerlich, und er hat ihn längst wieder ausgespuckt und ist frustriert davongeschwommen. Der perfekte, lehrbuchmäßige Anhieb kommt nach präzise 1 bis 2 Sekunden geduldigen Wartens und ist ein kurzer, knackiger Ruck nach oben oder zur Seite. Viele übermotivierte Anfänger reißen die Rute dramatisch wie König Artus das legendäre Schwert Excalibur aus dem mythischen Stein und katapultieren dabei den überraschten Fisch in einem hohen Bogen über ihren eigenen Kopf hinweg direkt zurück ins sichere Wasser oder auf den Boden. Andere zögern und zaudern so nervös lange, dass der schlaue Fisch genug Zeit hat, sein Testament zu schreiben, seine Finanzen zu ordnen und sich in aller Ruhe zu verabschieden. Timing ist wirklich alles beim Angeln! Die Art des Anhiebs hängt auch von der Fischart ab: Bei Hechten muss man härter anschlagen als bei Forellen. Manche Profis verwenden sogar spezielle Anhiebs Techniken wie den Sweep Set oder den Power Set.

FAKT 24:

Der Drill ist Psychologie

Ein großer, kampfstarker Fisch am Haken bedeutet psychologischen und physischen Krieg zwischen Mensch und Tier. Der verzweifelte Fisch will panisch weg und kämpft um sein Leben, du willst ihn unbedingt haben und träumst vom Siegerfoto. Der altbewährte Trick ist, den Fisch systematisch zu ermüden und zu erschöpfen, ohne dass dabei die Schnur reißt, der Haken ausschlitzt oder die Rute bricht. Die Rollenbremse sollte präzise so eingestellt sein, dass die Schnur bei starkem, ruckartigem Zug kontrolliert nachgibt und Spannung abbaut. Zu fest eingestellt, und die Schnur reißt wie ein dünner Faden. Zu locker eingestellt, und der Fisch schwimmt einfach gemütlich davon, als wäre nichts gewesen. Der Drill ist wie ein eleganter Tanz oder ein Schachspiel: Man gibt taktisch nach, zieht dann vorsichtig an, gibt wieder nach, zieht wieder an, in einem rhythmischen Wechsel. Wer stur versucht, den Fisch mit purer Muskelkraft rauszureißen, wird nur schmerzlich lernen, wie erschreckend schnell eine teure 20-Euro-Schnur reißen kann. Der längste dokumentierte Drill dauerte übrigens unglaubliche 37 Stunden bei einem riesigen Marlin, wobei sich mehrere Angler abwechselten. Die meisten Drills dauern aber 5 bis 20 Minuten. Man muss den Fisch auch weg von Hindernissen drillen, sonst verheddert er sich und entkommt.

FAKT 25:

Grundangeln ist tückisch einfach

Grundangeln klingt anfangs simpel und unkompliziert: Köder mit ausreichend Blei auf den Grund legen und dann geduldig warten. In der komplizierten Praxis gibt es aber tatsächlich über 17 verschiedene Grundmontagen mit kryptischen Namen, und jede einzelne ist speziell für einen anderen Fisch, Gewässerboden oder eine spezielle Situation optimiert und entwickelt. Die einfachste und am weitesten verbreitete ist die klassische Laufblei-Montage: Das Blei liegt stabil am Grund, die Schnur läuft frei durch das Blei hindurch, und der misstrauische Fisch spürt beim vorsichtigen Probebiss idealerweise keinen verdächtigen Widerstand. Fortgeschrittene und erfahrene Angler diskutieren leidenschaftlich stundenlang über optimale Hakenlänge, perfektes Bleigewicht, idealen Schnurdurchmesser und die beste Hakenform. Absolute Anfänger werfen einfach pragmatisch alles zusammen, was sie finden können, und hoffen optimistisch, dass der hungrige Fisch nicht zu wählerisch, kritisch oder intelligent ist. Überraschenderweise und gegen alle Erwartungen funktioniert auch diese chaotische Methode manchmal erstaunlich gut, was die Profis zur Verzweiflung treibt. Es gibt auch Anti-Tangle-Montagen, Helikopter-Montagen und Safety-Clip-Montagen für verschiedene Zwecke. Manche Karpfenangler verbringen mehr Zeit mit dem Bau ihrer Montagen als mit dem eigentlichen Angeln.

FAKT 26:

Posen Angeln für Präzisionsfreaks

Posen Angeln ist die anerkannte Königsdisziplin der Feinmotorik und Präzision im Angelsport. Die Pose zeigt visuell an, wann ein Fisch zaghaft beißt, oder den Köder interessiert, aber sie muss dafür millimetergenau perfekt ausgebleit sein. Zu viel schweres Blei an der Schnur, und sie sinkt langsam, aber sicher unter wie die Titanic. Zu wenig Blei, und sie liegt flach und nutzlos im Wasser wie ein toter Fisch. Die absolut perfekte Pose steht kerzengerade und stolz aufrecht mit nur der dünnen Antennenspitze knapp über der Wasseroberfläche sichtbar. Das präzise Einstellen dieser Balance dauert manchmal frustrierend länger als das gesamte eigentliche Angeln danach und erfordert Fingerspitzengefühl. Erfahrene Profis können die Tiefe auf den exakten Zentimeter genau einstellen und die Pose bei Wind und Wellen stabil halten. Absolute Anfänger werfen die Pose irgendwo grob hin und beten inbrünstig, dass der hungrige Fisch nicht zu kritisch, anspruchsvoll oder intelligent ist. Fun Fact: Etwa 80% der gesamten Posen Angel-Zeit verbringt man realistisch damit, die störrische Pose immer wieder neu einzustellen, zu justieren und zu optimieren. Es gibt Feststellposen, Laufposen, Durchlaufposen und Selbsthakmontagen. Jede für verschiedene Bedingungen.

FAKT 27:

Spinnfischen ist Sport

Beim aktiven Spinnfischen wirft man wiederholt Kunstköder wie Blinker, Wobbler oder Gummifische aus, kurbelt sie in verschiedenen Geschwindigkeiten wieder ein und wiederholt diesen Vorgang etwa 300 bis 400 Mal pro intensiver Stunde. Das ist definitiv mehr anstrengende Bewegung und Kalorien als die meisten Leute in einem durchschnittlichen Fitnessstudio-Besuch machen und verbrennen. Der geschickt geführte Kunstköder imitiert dabei einen kranken, verletzten oder panisch flüchtenden Fisch, was aggressive Räuber wie Hecht, Barsch, Zander oder Forelle magnetisch anlockt und ihren Jagdinstinkt weckt. Die wahre Technik und Kunst liegt im gekonnten Einkurbeln: Mal blitzschnell, mal betont langsam, mal mit dramatischen Pausen und Zuck Bewegungen. Es ist psychologisch wie Flirten, nur eben mit Fischen statt Menschen und mit deutlich weniger Zurückweisung. Der Trick ist, den Köder so geschickt zu führen, dass er täuschend echt aussieht wie ein verletzter, angeschlagener Fisch, der leichte Beute verspricht. Nicht wie ein betrunkener Fisch, der orientierungslos im Kreis schwimmt, was leider häufiger passiert als man zugeben möchte. Spinnfischer legen oft 10 bis 15 Kilometer pro Tag am Ufer zurück und machen dabei tausende Würfe. Moderne Kunstköder können bis zu 30 Euro kosten.

FAKT 28:

Feedern ist Wissenschaft

Feederangeln ist im Grunde Grundangeln für Nerds, Wissenschaftler und Perfektionisten. Man verwendet einen speziellen, durchlöcherten Futterkorb, der stabil am Grund liegt und dort kontinuierlich und langsam Futter freisetzt wie eine Duftlampe. Die angelockten Fische werden systematisch zum Futterplatz gelockt, und genau dort liegt strategisch der Haken mit dem Köder. Das klingt in der Theorie einfach und logisch, aber es gibt verschiedene Korbgrößen, Gewichte, Formen und gefühlt tausende verschiedene Futtermischungen für unterschiedliche Gewässer und Zielfische. Manche passionierten Angler mischen ihr Futter wie professionelle Chemiker ein magisches Elixier im Labor und experimentieren mit Aromen, Farben und Konsistenzen. Zu trocken gemischt, und das Futter löst sich nicht schnell genug auf. Zu nass angerührt, und es fällt beim kraftvollen Wurf raus und erreicht nie den Grund. Die absoluten Profis haben für jedes Gewässer, jede Jahreszeit und jede Fischart eine eigene, geheime Rezeptur, die sie wie einen Schatz hüten. Absolute Anfänger kaufen pragmatisch fertiges Futter aus dem Angelladen und hoffen einfach das Beste. Feedern erfordert auch spezielle Ruten mit empfindlichen Spitzen, die jeden Biss anzeigen. Die Ruten kosten 80 bis 300 Euro.

FAKT 29:

Fliegenfischen ist Ballett

Fliegenfischen gilt weltweit als die eleganteste, anspruchsvollste und ästhetischste Form des Angelns und wird oft in Filmen romantisch inszeniert. Die spezielle Fliegenschnur wird in kunstvollen, rhythmischen Bewegungen durch die Luft gepeitscht wie bei einem Tanz, und die künstliche, handgebundene Fliege landet idealerweise sanft und leicht auf dem Wasser wie eine echte natürliche Fliege. Das sieht im Film spektakulär aus und ist auch entsprechend schwierig und frustrierend zu lernen für Anfänger. Die meisten ungeduldigen Anfänger schaffen es anfangs eher, sich selbst schmerzhaft mit der scharfen Fliege zu hacken, bevor sie auch nur in die Nähe eines Fisches kommen, geschweige denn einen fangen. Fliegenfischer haben oft einen verträumten, fast meditativen Blick und sprechen in kryptischen Rätseln über trockene Fliegen, Nymphen, Streamer und lateinische Insektennamen. Aber wenn sie endlich nach vielen Fehlversuchen einen prächtigen Fisch fangen, ist es pure Poesie, Kunst und Magie in Reinform. Fliegenfischen erfordert jahrelanges Training und spezielle Ausrüstung. Eine gute Fliegenrute kostet 200 bis 800 Euro, und die Fliegen werden oft handgebunden. Es gibt verschiedene Wurftechniken wie Roll Cast oder Double Haul.

FAKT 30:

Nachtangeln ist ein Abenteuer

Viele begehrte Raubfische wie Zander, Aal und Wels sind besonders nachts aktiv und jagen, besonders in den warmen Sommermonaten. Nachtangeln hat seinen ganz eigenen, besonderen Reiz: Die tiefe Stille, die mystische Dunkelheit, das prickelnde Gefühl von Abenteuer und die Geräusche der Nacht. Allerdings sieht man nachts buchstäblich und praktisch nichts, was bedeutet, dass man seine gesamte komplexe Ausrüstung komplett blind und nur durch Tasten bedienen muss. Jeder simple Knoten wird plötzlich zur nervenaufreibenden Herausforderung, und wenn etwas Wichtiges ins dunkle Wasser fällt, ist es für immer verloren und unauffindbar. Helle Stirnlampen sind absolute Pflicht und unverzichtbar, aber sie locken gleichzeitig auch Milliarden hungriger Mücken, Fliegen und anderer Insekten an wie ein Leuchtturm. Das Gute: Nachts sieht wirklich niemand, wenn man sich beim Wurf peinlich verheddert oder stolpert. Das Schlechte: Man sieht auch nicht, was einen da gerade am Bein unheimlich gekitzelt oder berührt hat. War es ein Fisch, eine Wasserpflanze oder etwas Gruseligeres? Nachtangler verwenden oft Knicklichter oder leuchtende Posen. Die Atmosphäre ist einzigartig, aber man sollte nie alleine nachts angeln gehen aus Sicherheitsgründen.

PROFI-TIPP:

Übe deinen Wurf regelmäßig ohne scharfen Haken auf einer großen Wiese oder im Park, am besten mit einem kleinen Übungsgewicht statt eines gefährlichen Hakens. Nur 30 Minuten konzentriertes Training können deine Wurftechnik, Präzision und Weite dramatisch verbessern und dir später am Wasser viele peinliche und frustrierende Momente ersparen. Außerdem ist es deutlich günstiger und weniger ärgerlich, seinen Köder im weichen Gras zu verlieren als im dichten Baum über dem Wasser, wo man ihn nie wiedersieht. Und die neugierigen Nachbarn bekommen kostenlose Unterhaltung und etwas zu reden.

Training

FAKT 31:

Knotenübung macht den Meister

Es gibt weltweit über 30 verschiedene spezialisierte Angelknoten mit fantasievollen Namen, aber realistisch gesehen decken 3 bis 4 davon problemlos 90% aller praktischen Situationen ab. Der klassische Clinch-Knoten verbindet sicher Schnur mit Haken oder Wirbel, der komplexere Albright-Knoten verbindet zuverlässig zwei unterschiedliche Schnüre miteinander, und der robuste Palomarknoten gilt als der absolut stärkste und zuverlässigste von allen und versagt praktisch nie. Das fundamentale Problem: Alle drei vergisst man sofort wieder, wenn man sie nicht regelmäßig und diszipliniert übt und wiederholt. Die besten und erfahrensten Angler können ihre wichtigsten Knoten problemlos blind binden, mit verbundenen Augen, im stockdunklen Dunkeln und sogar mit steifen, kalten Fingern bei Minusgraden. Absolute Anfänger brauchen YouTube-Tutorials, helles Tageslicht, eine Lupe und 20 Minuten intensiver Flucherei und Frustration. Der bewährte Trick ist, die essentiellen Knoten gemütlich zu Hause vor dem laufenden Fernseher zu üben, bis die Finger sie vollautomatisch können und das Muskelgedächtnis perfekt sitzt. Profis binden ihre Standardknoten in unter 30 Sekunden. Es gibt auch spezielle Knoten für geflochtene Schnur, die bei monofiler Schnur versagen würden. Ein schlechter Knoten ist die häufigste Ursache für verlorene Fische.

FAKT 32:

Casting-Übung verbessert alles

Professionelle Angler üben ihre verschiedenen Würfe systematisch und regelmäßig, auch komplett ohne Wasser in der Nähe. Man kann bequem auf einer großen Wiese, im Park oder sogar im eigenen Garten Ziele aufstellen und versuchen, sie präzise zu treffen wie beim Darts. Das verbessert nicht nur die Präzision und Treffsicherheit, sondern auch die Wurfweite, die Technik und das allgemeine Gefühl für die Rute. Nach intensiven 100 konzentrierten Würfen auf der Wiese hat man deutlich mehr wertvolles Muskelgedächtnis und Routine entwickelt als nach 10 normalen Angelausflügen am Wasser. Der erhebliche Vorteil: Kein Schnurverlust an Bäumen oder Steinen, keine nassen durchweichten Füße, keine verscheuchten Fische durch Fehlwürfe. Der kleine Nachteil: Die neugierigen Nachbarn halten einen vermutlich für leicht verrückt oder sonderbar. Aber hey, wer wird am Ende mehr Fische fangen und erfolgreicher sein? Genau, der vermeintlich verrückte Typ mit der perfekten, unfehlbaren Wurftechnik. Casting-Turniere sind übrigens eine echte Sportart mit Weltmeisterschaften. Die Rekordweite liegt bei über 280 Metern. Auch Zielwerfen auf Präzision wird als Wettkampf ausgetragen.

FAKT 33:

Gewässerkunde ist Gold wert

Die allerbesten und erfolgreichsten Angler kennen ihre Stammgewässer wie ihre eigene Westentasche oder wie das Innere ihres Kühlschranks. Sie wissen genau, wo die tiefen Stellen mit kühlem Wasser liegen, wo Strukturen unter der Oberfläche verborgen sind und wo sich die Fische zu verschiedenen Tageszeiten bevorzugt aufhalten. Diese wertvollen Informationen sammelt man definitiv nicht über Nacht oder in einer Woche. Manche obsessiven Angler kartografieren und wissenschaftlich ihre Gewässer, notieren penibel GPS-Koordinaten erfolgreicher Stellen und erstellen detaillierte Tiefenkarten wie Seefahrer vergangener Jahrhunderte. Das klingt für Außenstehende völlig übertrieben und nerdig, bis man mit eigenen Augen sieht, wie sie immer wieder an den exakt gleichen erfolgreichen Stellen fangen, während andere planlos und erfolglos herumwerfen. Ein guter, erfahrener Angler studiert sein Gewässer intensiv wie ein Schachspieler das Brett vor einem wichtigen Turnier. Moderne Echolote kosten 200 bis 2000 Euro und zeigen Tiefe, Temperatur und sogar Fische an. Manche Angler investieren Jahre, um ein Gewässer wirklich zu kennen.

FAKT 34:

Beobachtung schlägt Technik

Viele Angler starren stundenlang gedankenverloren aufs Wasser, ohne wirklich bewusst hinzusehen und die Zeichen zu deuten. Dabei verraten kleine, subtile Zeichen deutlich, wo sich die Fische gerade aufhalten: Kleine konzentrische Ringe auf der sonst glatten Oberfläche zeigen aktiv fressende Fische. Kreisende Vögel, die über einer bestimmten Stelle kreisen, weisen oft auf intensive Fischaktivität direkt darunter hin. Dichtes Schilf, Seerosenfelder und Unterwasserpflanzen bieten perfekte Verstecke und Laichplätze. Die absolut besten Angler lesen das Wasser intuitiv wie ein spannendes Buch. Sie erkennen sofort Strömungen, Temperaturunterschiede, Sauerstoffzonen und potenzielle Futterplätze. Absolute Anfänger sehen frustrierenderweise nur nasses, blaues Zeug ohne Bedeutung. Der Unterschied in der Fangquote ist absolut dramatisch und eklatant. Man muss aktiv lernen, nicht nur passiv zu schauen, sondern wirklich zu sehen und zu verstehen. Auch Insektenaktivität gibt Hinweise: Viele Mücken bedeuten oft, dass Fische gerade Insekten fressen. Sprünge an der Oberfläche zeigen jagende Raubfische. Wind und Wellen beeinflussen, wo sich Fische aufhalten.

FAKT 35:

Wetter-Apps sind dein Freund

Moderne, technikaffine Angler nutzen intensiv Wetter-Apps und Barometer-Daten, um die statistisch besten Angelzeiten präzise zu ermitteln. Fallender Luftdruck kurz vor einem nahenden Gewitter ist absolut top und löst Fressrausch aus. Steigender Luftdruck nach dem reinigenden Regen ist auch vielversprechend gut. Gleichbleibend hoher Druck bei Schönwetter ist nur mäßig erfolgversprechend. Es gibt sogar hochspezialisierte Angel-Apps, die optimale Beißzeiten basierend auf Mondphasen, Gezeiten und Wetterdaten vorhersagen. Das klingt zunächst nach esoterischem Hokuspokus, funktioniert aber erstaunlich oft durch statistische Auswertungen. Die App kann zwar nicht hundertprozentig garantieren, dass du heute fängst, aber sie erhöht die Erfolgschancen erheblich und deutlich. Und selbst wenn absolut nichts beißt, hast du wenigstens eine plausible Ausrede: Die App war heute schuld, nicht deine mangelnde Fähigkeit oder Kompetenz. Beliebte Apps sind Fishbrain, Fishing Forecast und My Fishing Forecast. Manche zeigen auch Fangerfolge anderer Angler in der Nähe.

FAKT 36:

Führung und Präsentation

Die geschickte Art und Weise, wie man den Köder präsentiert und führt, ist oft deutlich wichtiger als der teure Köder selbst. Ein toter, lebloser Wurm, der geschickt und lebhaft geführt wird, fängt garantiert mehr als ein lebender Wurm, der regungslos und langweilig am Grund liegt wie ein Stein. Beim aktiven Spinnfischen variiert man ständig Geschwindigkeit, Richtung und Tiefe. Beim Posenangeln zupft man gelegentlich sanft an der Schnur, um attraktive Bewegung zu erzeugen und Interesse zu wecken. Fische wollen Action, Bewegung und Spannung, keine tödliche Langeweile. Der Köder sollte täuschend echt aussehen wie etwas Essbares, das verzweifelt versucht zu entkommen. Nicht wie etwas Essbares, das aufgegeben hat und resigniert auf den Tod wartet. Profis sprechen von verschiedenen Köderführungen mit Namen wie Jiggen, Faulenzen, Twitchen oder Jerkbait. Jede Technik ahmt unterschiedliche Beutetiere nach. Man muss die Führung auch an Jahreszeit anpassen: Im kalten Winter langsam, im Sommer schneller.

FAKT 37:

Bissregistrierung üben

Viele frustrierte Anfänger verpassen zahlreiche Bisse, weil sie die subtilen Zeichen einfach nicht rechtzeitig erkennen oder falsch interpretieren. Ein Biss fühlt sich definitiv nicht immer dramatisch an wie ein heranrasender Lastwagen, der mit voller Wucht in die Schnur fährt. Manchmal ist es nur ein sanftes, kaum spürbares leichtes Zupfen, ein kurzes Nicken der sensiblen Rutenspitze oder ein kaum merkliches Nachlassen der Spannung, das unerfahrene Angler übersehen. Erfahrene Angler entwickeln über Jahre ein feines Gespür und eine Intuition dafür. Sie spüren instinktiv den Unterschied zwischen einem Fisch und einem Hänger an einem Ast, zwischen einem vorsichtigen Probebiss und einem entschlossenen Angriff. Das kommt nur durch jahrelange Erfahrung und unzählige Stunden am Wasser. Je mehr Zeit man am Wasser verbringt und je konzentrierter man ist, desto besser wird das sensible Gespür. Manche Angler können sogar die Fischart am Bissverhalten erkennen. Beim Feedern gibt die Rutenspitze wichtige Signale. Elektronische Bissanzeiger kosten 30 bis 300 Euro und helfen besonders beim Nachtangeln oder beim Karpfenangeln.

FAKT 38:

Dokumentiere deine Fänge

Erfolgreiche und systematische Angler führen detaillierte Fangbücher oder digitale Logs. Sie notieren akribisch Datum, genaue Uhrzeit, Wetterbedingungen, verwendeter Köder, erfolgreiche Stelle und gefangene Fischart. Nach einer kompletten Saison haben sie eine wertvolle Datenbank, die interessante Muster, Trends und Zusammenhänge zeigt. Vielleicht beißen Hechte bei dir am besten morgens zwischen 6 und 8 Uhr mit silbernem Gummifisch. Oder dicke Karpfen nachmittags zwischen 15 und 17 Uhr mit süßem Mais. Ohne systematische Dokumentation bleibt das Angeln frustrierendes Glücksspiel. Mit ordentlicher Dokumentation wird es allmählich zur exakten Wissenschaft mit vorhersagbaren Erfolgen. Moderne, technikaffine Angler nutzen sogar praktische Apps dafür mit GPS-Markierung, Fotos und Wetterimport. Das klingt zunächst nerdig und übertrieben, aber es funktioniert nachweislich. Wissen ist Macht, auch beim Angeln. Oder wie alte Profis gerne sagen: Ein gepflegtes Fangbuch ist deutlich besser und zuverlässiger als jeder käufliche Glücksbringer oder Talisman. Apps wie Fishbrain oder Anglr erlauben auch das Teilen mit anderen Anglern.

FAKT 39:

Fitness hilft beim Angeln

Angeln sieht für Außenstehende aus wie entspanntes Nichtstun und Faulenzen, kann aber tatsächlich körperlich sehr fordernd und anstrengend sein. Stundenlang aufrecht stehen ohne Pause, weite kraftvolle Würfe machen, schwere große Fische minutenlang drillen. All das braucht überraschend viel Kraft, Ausdauer und Kondition. Professionelle Wettkampfangler trainieren tatsächlich gezielt ihre Unterarme, Schultern und den unteren Rücken im Fitnessstudio. Ein starker, trainierter Rücken macht lange ermüdende Sessions deutlich erträglicher. Kräftige Unterarme helfen enorm beim kraftvollen Drill großer Fische. Und gute allgemeine Kondition bedeutet, dass man deutlich länger konzentriert durchhält als die erschöpften Fische. Man muss definitiv kein muskelbepackter Bodybuilder sein, aber ein bisschen grundlegende Fitness schadet nie und zahlt sich aus. Außerdem ist es deutlich leichter und angenehmer, mehrere Kilometer zum Auto zurückzulaufen, wenn man nicht völlig erschöpft und ausgepowert ist. Manche Angler laufen beim Spinnfischen 15 Kilometer pro Tag.

FAKT 40:

Von den Besten lernen

Die schnellste und effektivste Art, dramatisch besser zu werden, ist definitiv, aktiv von erfahrenen Anglern zu lernen und sich Rat zu holen. Ob durch Beitritt in lokale Angelvereine, YouTube-Videos von Profis oder einfach durch aufmerksames Beobachten und höfliches Nachfragen am Wasser. Die allermeisten Angler teilen ihr hart erarbeitetes Wissen und ihre Erfahrungen erstaunlich gerne, wenn man höflich und respektvoll fragt statt zu fordern. Ein einziger wertvoller Tipp von einem erfahrenen Profi kann problemlos Monate oder Jahre des frustrierenden Rumprobierens und Experimentierens ersparen. Außerdem lernt man dadurch Geheimplätze, bewährte lokale Techniken, Gewässerbesonderheiten und spezielle Köder kennen, die wirklich funktionieren. Natürlich gibt es auch verschlossene Angler, die ihre wertvollen Geheimnisse hüten wie gierige Drachen ihren Schatz. Aber die allermeisten sind überraschend hilfsbereit und teilen gerne. Angeln ist fundamental eine solidarische Gemeinschaft, kein brutaler Einzelkampf. Angelvereine bieten auch Kurse, Gemeinschaft und Zugang zu privaten Gewässern.

PROFI-TIPP:

Übe regelmäßig und diszipliniert zu Hause, besonders das essenzielle Knotenbinden. Kaufe dir 5 Meter günstige Übungsschnur und binde konsequent jeden Abend 10 konzentrierte Minuten lang Knoten, bis du es buchstäblich im Schlaf kannst und deine Finger die Bewegungen vollautomatisch ausführen. Am Wasser bei störendem Wind, Regen und schlechtem Licht wirst du unendlich froh sein, dass deine Finger die komplexen Bewegungen automatisch beherrschen. Und du verlierst garantiert keine wertvollen Fische mehr wegen schlechter, schlampiger Knoten, die im entscheidenden Moment versagen.

Strategie & Taktik

FAKT 41:

Timing ist alles

Die statistisch allerbeste Zeit zum erfolgreichen Angeln ist definitiv morgens kurz bei Sonnenaufgang und abends bei romantischem Sonnenuntergang. In diesen magischen Dämmerungsphasen sind die meisten Fischarten nachweislich am aktivsten und jagdfreudigsten. Mittags, wenn die gnadenlose Sonne hoch am Himmel steht und alles aufheizt, ziehen sich die meisten Fische instinktiv in tiefere, kühlere oder schattige Bereiche zurück und ruhen. Natürlich gibt es immer Ausnahmen von dieser Regel: Bei stark bedecktem, grauem Himmel kann man auch mittags überraschenden Erfolg haben. Im Winter sind paradoxerweise die wärmeren Mittagsstunden oft besser als Morgen oder Abend. Die mysteriöse Mondphase spielt überraschenderweise auch eine signifikante Rolle: Bei hellem Vollmond sind viele Fische eher nachtaktiv und jagen im Mondschein. Wer wirklich strategisch und clever denken will, passt seine Angelzeiten systematisch an diese verschiedenen Faktoren an. Oder man kommt einfach pragmatisch, wann man Zeit und Lust hat, und hofft optimistisch das Beste. Die sogenannten Beißzeiten ändern sich auch mit den Jahreszeiten.

FAKT 42:

Standortwahl ist entscheidend

Ein wirklich guter Angelplatz mit idealen Bedingungen ist buchstäblich Gold wert und unbezahlbar. Fische halten sich nachweislich bevorzugt an Strukturen auf: umgestürzte Bäume im Wasser, Seerosenfelder, Übergangskanten, wo es abrupt vom Flachen ins Tiefe geht, Brückenpfeiler oder versunkene Strukturen. Diese Strukturen bieten sowohl Schutz vor Räubern als auch reichlich Nahrung. Ein erfahrener Angler, der strategisch an einer wirklich guten Stelle sitzt, fängt problemlos zehnmal mehr als jemand, der planlos mitten im strukturlosen Nichts sitzt und nur auf blindes Glück hofft. Die abgehärteten Profis kommen bereits frühmorgens im Dunkeln, um sich die allerbesten Plätze zu sichern wie Schnäppchenjäger am Black Friday. Absolute Anfänger kommen gemütlich später und wundern sich dann ratlos, warum sie absolut nichts fangen. Der Standort entscheidet oft dramatisch mehr über Erfolg oder totalen Misserfolg als die ausgefeilte Technik oder der teure Köder zusammen. Erfahrene Angler haben mehrere Backup-Plätze für verschiedene Wind- und Wetterbedingungen.

FAKT 43:

Köderanpassung an Jahreszeit

Im Frühjahr, wenn das Wasser noch kalt und träge ist, sind Fische naturgemäß träge und bevorzugen eindeutig langsam und vorsichtig präsentierte Köder ohne hektische Bewegungen. Im Sommer, wenn alles angenehm warm ist, kann man deutlich aggressiver und schneller vorgehen mit der Köderführung. Im Herbst fressen sich die Fische systematisch Winterspeck an für die kommende kalte Zeit und beißen oft auf fast alles Essbare, was vor ihnen vorbeikommt. Im Winter wird es wieder schwierig und frustrierend, weil der Stoffwechsel der Fische drastisch auf Sparflamme und Überlebensmodus läuft. Wer diese biologischen Zyklen konsequent ignoriert und stur das ganze Jahr den exakt gleichen Köder verwendet, wird auf Dauer enttäuscht. Erfolgreiche Angler passen nicht nur intelligent den Köder an, sondern auch die Präsentation und die Tiefe. Langsam und tief im Winter, schnell und flach im Sommer. Die Natur gibt den natürlichen Rhythmus vor, und kluge Angler folgen ihm. Im Frühjahr funktionieren oft natürliche Köder besser, im Sommer auch Kunstköder. Die Wassertemperatur ist entscheidender als die Lufttemperatur.

FAKT 44:

Anfüttern lockt Fische

Anfüttern bedeutet strategisch, kleine kontrollierte Mengen Futter ins Wasser zu werfen, um systematisch Fische anzulocken und an den Platz zu gewöhnen. Das funktioniert besonders effektiv und zuverlässig bei Friedfischen wie Karpfen, Brassen, Rotaugen oder Schleien. Man wirft gezielt Mais, lebende Maden, Boilies oder speziell gemischtes Futter aus und wartet geduldig, bis die angelockten Fische neugierig kommen. Absolut wichtig ist dabei die richtige Menge: Zu viel Futter, und die Fische sind komplett satt und verlieren das Interesse am Hakenköder. Zu wenig Futter, und sie kommen gar nicht erst oder bleiben nicht. Die absoluten Profis füttern manchmal systematisch tagelang oder wochenlang vor einem wichtigen Ansitz, um die Fische fest an den Platz zu gewöhnen und eine Routine zu etablieren. Absolute Anfänger werfen eine kleine Handvoll Mais und erwarten naiv sofortige Wunder. Die Wahrheit liegt wie immer irgendwo vernünftig in der Mitte. Es gibt auch Anfütterboote, Wurfraketen und Futterschleudern für große Distanzen. Manche Spezialfutter kosten 20 Euro pro Kilogramm.

FAKT 45:

Tarnung ist wichtig

Fische haben erstaunlich gute Augen und nehmen Bewegungen über der Wasseroberfläche deutlich wahr. Ein unvorsichtiger Angler, der ständig nervös herumläuft, mit den Armen wild wedelt, laut redet oder telefoniert, verscheucht garantiert mehr Fische als er jemals anlocken könnte. Erfahrene und erfolgreiche Angler tragen bewusst gedeckte, natürliche Farben wie Grün, Braun oder Grau, bewegen sich bedacht langsam und bleiben die meiste Zeit ruhig wie Statuen. Am exponierten Ufer verstecken sie sich geschickt hinter dichten Büschen, hohem Schilf oder knien sich sogar hin, um vom Wasser aus nicht gesehen zu werden. Das klingt für manche übertrieben und paranoid, macht aber einen deutlich messbaren Unterschied im Fangerfolg. Besonders bei extrem scheuen Fischen wie Forellen, Äschen oder Karpfen. Wer wie ein neonpinker Leuchtturm auffällig am Ufer steht, mit Freunden laut lacht und Selfies für Instagram macht, kann sehr lange erfolglos warten. Profis tragen sogar Tarnkleidung und bauen getarnte Ansitze. Die Fische sehen uns deutlicher als wir denken.

FAKT 46:

Ködervariation erhöht Chancen

Wenn ein bestimmter Köder nach längerer Zeit nicht erfolgreich funktioniert, sollte man flexibel einen anderen ausprobieren. Fische können überraschend wählerisch und launisch sein wie verwöhnte Kinder. Manchmal wollen sie ausschließlich Würmer, manchmal nur Maden, manchmal süßen Mais, und manchmal gar nichts. Bei Raubfischen gilt exakt dasselbe Prinzip: Ein teurer Wobbler kann komplett versagen, während ein simpler Gummifisch sofort erfolgreich ankommt. Erfolgreiche und flexible Angler haben immer mehrere verschiedene Optionen griffbereit dabei und wechseln systematisch alle 30 Minuten, wenn absolut nichts passiert oder beißt. Stur an einer einzigen Methode oder einem Köder festzuhalten ist keine bewundernswerte Tugend, sondern pure Sturheit und Dummheit. Flexibilität und Experimentierfreude zahlen sich nachweislich aus. Wer wirklich bereit ist zu experimentieren und neue Dinge auszuprobieren, findet letztendlich heraus, was heute an diesem speziellen Tag funktioniert. Und das kann morgen schon wieder völlig anders sein, weil Fische unberechenbar sind. Manche Profis haben über 50 verschiedene Köder dabei und testen systematisch durch.

FAKT 47:

Strömung verstehen

In Flüssen und fließenden Gewässern ist die Strömung ein absolut entscheidender Faktor für den Erfolg. Fische stehen instinktiv gerne in der Strömung, weil dort kontinuierlich Nahrung vorbeischwimmt, aber sie suchen gezielt Plätze mit deutlich weniger Widerstand zum Energiesparen. Hinter großen Steinen, in geschützten Buchten, an Strömungskanten oder in Wirbeln. Der präsentierte Köder sollte idealerweise natürlich mit der Strömung treiben, nicht unnatürlich dagegen. Unerfahrene Anfänger kämpfen frustriert gegen die Strömung und wundern sich dann ratlos, warum absolut nichts beißt. Erfahrene Profis nutzen die Strömung intelligent, um den Köder völlig natürlich zu präsentieren. In stehenden Seen gibt es oft unsichtbare Unterströmungen, die man nicht direkt sieht, aber mit etwas Übung spüren oder erahnen kann. Wer die komplexe Strömungsdynamik wirklich versteht und nutzt, hat einen enormen Vorteil gegenüber anderen. Strömungskanten sind besonders produktiv, weil Fische dort mit minimalem Aufwand auf vorbeitreibende Nahrung warten können.

FAKT 48:

Nachts andere Regeln

Nachtangeln erfordert fundamental andere Taktiken und Herangehensweisen. Viele begehrte Fische verlassen nachts mutig ihre sicheren Tagesverstecke und kommen ins flache Wasser zum Jagen. Raubfische wie Zander, Aal und Wels sind besonders und ausgeprägt nachtaktiv. Die verwendeten Köder sollten tendenziell größer und auffälliger sein als tagsüber, weil die Fische nachts deutlich weniger sehen können und sich mehr auf andere Sinne verlassen. Geräusche, Vibrationen und Druckwellen werden nachts wichtiger als visuelle Reize. Manche erfahrene Angler verwenden spezielle Rasseln, Spinnerblätter oder sogar leuchtende Köder mit Chemie-Licht. Das Anfüttern funktioniert nachts komplett anders: Starke, intensive Gerüche und Aromen helfen deutlich mehr als visuelle Reize oder Farben. Und man selbst muss noch leiser und vorsichtiger sein, weil Fische nachts deutlich empfindlicher auf Störungen, Licht und Vibrationen reagieren. Nachtangeln ist wie Tagesangeln in einer faszinierenden Parallelwelt mit eigenen Gesetzen. Man sollte immer eine gute Stirnlampe und Ersatzbatterien dabei haben.

FAKT 49:

Wetterwechsel nutzen

Plötzliche und dramatische Wetterwechsel lösen bei Fischen oft eine intensive Fressphase aus. Direkt vor einem nahenden Gewitter werden Fische merklich nervös und beginnen hektisch zu fressen, als gäbe es kein Morgen. Nach einem Kaltfrontdurchzug mit Temperatursturz werden sie hingegen träge, lethargisch und verhalten sich extrem ruhig. Auch wenn es nach langer, trockener Periode endlich ausgiebig regnet, ändert sich das Fischverhalten dramatisch. Frisches, sauerstoffreiches Wasser bringt Leben, Sauerstoff und neue Nahrung mit sich. Die allerbesten und erfolgreichsten Angler checken nicht nur das aktuelle Wetter, sondern studieren intensiv die Vorhersage für die nächsten Tage und Wochen. Sie planen ihre wichtigen Angeltrips strategisch um signifikante Wetterwechsel herum. Das ist der fundamentale Unterschied zwischen gelegentlich Glück haben und planbar erfolgreich sein. Wetterfronten bringen oft die besten Fangzeiten. Auch Mondphasen beeinflussen das Beißverhalten messbar.

FAKT 50:

Geduld, aber nicht Starrheit

Die größte und gefährlichste Falle ist, viel zu lange stur an einer offensichtlich erfolglosen Strategie festzuhalten aus falschem Stolz. Ja, Angeln erfordert definitiv Geduld und Ausdauer. Aber es gibt einen fundamentalen Unterschied zwischen strategischer, kluger Geduld und sturer, blinder Hoffnung. Wenn nach frustrierenden 2 Stunden rein gar nichts passiert ist, keine einzigen Zupfer, keine sichtbare Aktivität, keine Anzeichen, dann sollte man definitiv etwas Entscheidendes ändern. Platz wechseln, Köder wechseln, Technik komplett wechseln, Tiefe anpassen. Die wirklich erfolgreichsten Angler sind flexibel die, die mental flexibel bleiben und jederzeit bereit sind, ihre ursprünglichen Pläne radikal zu ändern. Sie haben immer einen durchdachten Plan A, aber auch alternative Pläne B, C, D und sogar E. Angeln ist psychologisch wie Schach: Man muss intelligent auf den Gegner reagieren und adaptieren. Und in diesem speziellen Fall ist der Gegner ein glitschiger Fisch mit scheinbarem Alzheimer, der gestern noch anders reagiert hat.

PROFI-TIPP:

Entwickle für jedes deiner Stammgewässer einen detaillierten Masterplan mit mehreren durchdachten Backup-Optionen. Plan A: Dein bewährter Lieblingsplatz mit erprobtem Köder. Plan B: Alternative vielversprechende Stelle 50 Meter weiter. Plan C: Komplett andere Technik oder Methode. Plan D: Notfallplan bei extremem Wetter. Wer mental flexibel ist und schnell intelligent umdenken kann, fängt nachweislich deutlich mehr. Und denk immer daran: Manchmal gewinnt man glorreich, manchmal verliert man schmerzlich, und manchmal regnet es einfach nur stundenlang. Das ist Angeln in seiner reinsten Form.

Wettkampf & Praxis

FAKT 51:

Angelwettkämpfe sind ernst

Angelwettkämpfe sind eine ernsthafte, professionelle Angelegenheit und definitiv nicht nur ein gemütliches Treffen alter Freunde am See. Professionelle Wettkampfangler trainieren jahrelang intensiv, studieren Gewässer monatelang wie Wissenschaftler und investieren tausende Euro in High-End-Ausrüstung. Die Preisgelder bei internationalen Turnieren können sechsstellige Beträge erreichen, was enormen Druck erzeugt. Bei einem typischen Wettkampf hat man oft nur wenige kostbare Stunden Zeit, möglichst viele oder schwere Fische zu fangen, was enormen Stress bedeutet. Da gibt es keine Zeit für gemütliche Kaffeepausen, philosophische Gespräche oder entspannte Momente. Jede Sekunde zählt. Die Nerven liegen blank, der Adrenalinspiegel ist konstant hoch. Wettkampfangler entwickeln spezielle Strategien und Techniken, die sich deutlich vom entspannten Hobbyangeln unterscheiden. Sie haben mehrere Ruten gleichzeitig ausgelegt, wechseln ständig Spots und Methoden. Es gibt Wettkämpfe im Karpfenangeln, Raubfischangeln und sogar Fliegenfischen. Die Weltmeisterschaft im Angeln wird jährlich ausgetragen.

FAKT 52:

Catch and Release

Catch and Release, also Fangen und wieder Freilassen, ist in der modernen Angelwelt ein kontroverses und emotional diskutiertes Thema. Befürworter argumentieren leidenschaftlich, dass es den Fischbestand nachhaltig schützt und zukünftigen Generationen ermöglicht, die gleichen Fische zu fangen. Kritiker werfen ein, dass es Stress für den Fisch bedeutet und ethisch fragwürdig ist, Tiere zum Sport zu fangen. Die Wahrheit liegt vermutlich irgendwo differenziert in der Mitte. Wenn Catch and Release korrekt und schonend durchgeführt wird mit Kescher, nassen Händen und ohne lange Landzeiten, überleben über 95% der Fische problemlos. Der Fisch wird vorsichtig im Wasser gelöst, kurz fotografiert und sofort wieder freigelassen. Wichtig ist die Verwendung von Schonhaken ohne Widerhaken, die sich leicht entfernen lassen. In manchen Gewässern ist Catch and Release sogar vorgeschrieben, um die Population zu schützen. In Deutschland ist es rechtlich kompliziert, in anderen Ländern normal. Profiangler praktizieren es fast immer.

FAKT 53:

Angelschein und Regeln

In Deutschland und den meisten europäischen Ländern braucht man einen offiziellen Angelschein, um legal angeln zu dürfen. Den bekommt man nur nach bestandener Prüfung, die Wissen über Fischarten, Gewässerkunde, Gerätekunde und Tierschutz abfragt. Die Prüfung dauert mehrere Stunden und ist überraschend anspruchsvoll. Manche fallen durch und müssen wiederholen. Zusätzlich zum Angelschein braucht man für jedes Gewässer eine spezielle Erlaubnis, meist Tageskarte, Wochenkarte oder Jahreskarte genannt. Diese bekommt man von Vereinen, Pächtern oder Eigentümern. Schwarzangeln ohne Erlaubnis ist illegal und kann mit hohen Geldstrafen bis zu mehreren tausend Euro geahndet werden. Auch gibt es Schonzeiten für verschiedene Fische, in denen man sie nicht fangen darf, damit sie sich fortpflanzen können. Und Mindestmaße: Zu kleine Fische müssen sofort zurückgesetzt werden. Wer diese Regeln missachtet, riskiert nicht nur Strafen, sondern schadet dem gesamten Ökosystem. Die Regeln variieren stark zwischen Bundesländern und Ländern.

FAKT 54:

Nachtangeln erfordert Erlaubnis

An vielen Gewässern ist das Angeln nachts nicht automatisch erlaubt, sondern erfordert spezielle Genehmigungen. Manche Gewässer verbieten es komplett aus Naturschutzgründen oder wegen Anwohnern. Andere erlauben es nur mit Sondergenehmigung und zusätzlicher Gebühr. Wieder andere haben spezielle Nachtangelplätze, die man vorher reservieren muss. Wer ohne Erlaubnis nachts angelt, riskiert hohe Strafen und Ärger. Es lohnt sich immer, vorher genau zu recherchieren und die Regeln zu kennen. Nachtangeln hat auch Sicherheitsaspekte: Man sollte niemals alleine nachts angeln gehen, immer jemandem Bescheid sagen wo man ist, und eine Taschenlampe plus Handy dabei haben. Besonders am Wasser ist es dunkel gefährlich, man kann leicht ausrutschen oder ins Wasser fallen. Auch Wildtiere wie Wildschweine sind nachts aktiv und können überraschen. Eine Stirnlampe mit rotem Licht stört die Fische weniger. Nachtangler sollten auch warme Kleidung dabei haben, denn nachts wird es selbst im Sommer kühl.

FAKT 55:

Wetterfestigkeit ist Pflicht

Erfolgreiche Angler angeln bei jedem Wetter, nicht nur bei Sonnenschein und Windstille. Regen, Wind, Kälte und sogar leichter Schnee halten sie nicht ab. Warum? Weil oft gerade bei ungemütlichem Wetter die Fische am besten beißen. Vor Gewittern zum Beispiel, oder wenn es nach langer Trockenheit endlich regnet. Außerdem hat man bei schlechtem Wetter das Gewässer oft für sich alleine, während Schönwetter-Angler zu Hause bleiben. Wichtig ist die richtige Kleidung: Wasserdichte Regenjacke und Regenhose aus atmungsaktivem Material, warme Schichten darunter, wasserdichte Schuhe oder Stiefel. Im Winter sind Thermohosen, Handschuhe und Mütze unverzichtbar. Auch ein Angelschirm mit Seitenwänden schützt vor Wind und Regen. Wer bei 5 Grad und Dauerregen angelt, braucht ernsthafte Ausrüstung. Aber die Belohnung ist oft groß: Dickere Fische und keine Konkurrenz. Profis sagen: Es gibt kein schlechtes Wetter, nur schlechte Kleidung. Auch Thermoskannen mit heißem Tee oder Kaffee sind Gold wert.

FAKT 56:

Social Media und Angeln

Social Media hat die Angelwelt revolutioniert und komplett verändert. Früher tauschten Angler ihr Wissen nur im Verein oder am Wasser aus. Heute gibt es riesige Facebook-Gruppen, Instagram-Accounts, YouTube-Kanäle und TikTok-Profile rund ums Angeln. Man kann von Profis lernen, virtuelle Fangberichte teilen und sich mit Anglern weltweit austauschen. Apps wie Fishbrain zeigen sogar, wo gerade was gefangen wurde, inklusive GPS-Koordinaten. Das hat Vor- und Nachteile. Vorteil: Enormer Wissensaustausch und Inspiration. Nachteil: Geheimplätze bleiben nicht mehr lange geheim. Wenn jemand einen tollen Fang postet und den Ort verrät, pilgern am nächsten Tag hunderte Angler dorthin. Manche Gewässer sind dadurch überlaufen. Auch gibt es den Druck, immer größere Fische zu fangen für Likes und Follower. Das kann zu Überfischung oder unsportlichem Verhalten führen. Trotzdem ist Social Media eine tolle Ressource, wenn man sie verantwortungsvoll nutzt. Viele Profiangler leben heute von Sponsoring und YouTube-Einnahmen.

FAKT 57:

Bootsangeln eröffnet neue Welten

Vom Boot aus angeln eröffnet völlig neue Möglichkeiten und Perspektiven. Man erreicht Stellen, die vom Ufer unmöglich sind: Mitten im See, über tiefen Löchern, an versunkenen Bäumen. Mit einem Echolot kann man den Grund scannen und Fischschwärme direkt anfahren. Bootsangeln ist besonders beliebt beim Hechtangeln, Zanderangeln und Meeresangeln. Es gibt spezielle Angeltechniken wie Schleppfischen, bei dem man langsam fahrend Köder hinter dem Boot herzieht. Oder Vertikalangeln, bei dem man den Köder senkrecht unter dem Boot auf und ab bewegt. Ein eigenes Boot kostet allerdings mehrere tausend Euro, dazu kommen Liegeplatz, Versicherung und Wartung. Viele Angler mieten deshalb Boote stundenweise oder tageweise. Wichtig: Auf vielen Gewässern braucht man einen Bootsführerschein. Und Schwimmwesten sind Pflicht, auch wenn viele sie ignorieren. Bootsangeln ist deutlich effektiver, aber auch teurer und aufwändiger als Uferangeln. Moderne Angelboote haben GPS, Echolot, Elektromotor und kosten 20.000 bis 100.000 Euro.

FAKT 58:

Eisangeln ist Extremsport

Eisangeln, in nordischen Ländern sehr beliebt, ist Angeln für Hartgesottene und Mutige. Man bohrt ein Loch ins dicke Eis eines zugefrorenen Sees und angelt durch dieses Loch. Die Temperaturen liegen oft bei minus 20 Grad oder kälter. Man braucht extreme Winterkleidung, warme Stiefel, Handschuhe und oft ein beheiztes Zelt auf dem Eis. Der Vorteil: Unter dem Eis sind die Fische träge und leicht zu fangen, wenn man die richtige Stelle findet. Besonders Barsche und Hechte beißen gut. Der Nachteil: Es ist gefährlich. Das Eis muss mindestens 10 cm dick sein, besser 15 cm, sonst bricht man ein. Und dann ist man innerhalb von Minuten in Lebensgefahr durch Unterkühlung. Jedes Jahr sterben Menschen beim Eisangeln. In Deutschland ist es selten, weil die Seen kaum noch zufrieren durch den Klimawandel. In Skandinavien, Kanada und Russland ist es Tradition. Spezielle Eisbohrer gibt es ab 30 Euro, professionelle benzinbetriebene kosten über 500 Euro. Es ist ein einzigartiges Erlebnis, aber nichts für Anfänger.

FAKT 59:

Meeresangeln ist anders

Angeln im Meer unterscheidet sich fundamental vom Süßwasserangeln in Seen und Flüssen. Die Fische sind größer, stärker und kämpfen härter. Die Ausrüstung muss salzwasserfest sein, sonst rostet alles sofort. Man braucht dickere Schnüre, stärkere Ruten und robustere Rollen. Beliebte Zielfische sind Dorsch, Makrele, Wolfsbarsch und im Atlantik sogar Thunfisch oder Marlin. Meeresangeln kann man vom Strand, von Molen oder vom Boot. Besonders Hochseeangeln vom Boot ist ein Abenteuer: Man fährt mehrere Kilometer raus aufs offene Meer, wo die wirklich großen Fische sind. Die Wellen, der Wind, die Weite des Ozeans. Es ist beeindruckend und manchmal einschüchternd. Seekrankheit ist ein häufiges Problem für Anfänger. Tabletten helfen. Meeresangeln-Touren werden an allen Küsten angeboten, von ein paar Stunden bis zu mehrtägigen Expeditionen. Die Kosten liegen zwischen 50 und 500 Euro pro Tag. Ein großer Thunfisch oder Marlin ist der Traum vieler Angler. Manche jagen ihr ganzes Leben danach.

FAKT 60:

Karpfenangeln ist Kult

Karpfenangeln hat eine riesige, fast fanatische Fangemeinde und ist mehr als nur eine Angelmethode, es ist eine Lebenseinstellung. Karpfenangler verbringen oft ganze Wochenenden oder sogar Wochen am Wasser, in speziellen Bivvys, kleinen Zelten direkt am Ufer. Sie haben mehrere Ruten gleichzeitig ausgelegt, elektronische Bissanzeiger, Futterboote, und manchmal sogar Kameras unter Wasser. Die Ausrüstung kann leicht 5.000 bis 10.000 Euro kosten. Karpfen sind kluge, vorsichtige Fische, die man oft tagelang anfüttern muss, bevor sie beißen. Wenn dann endlich ein großer Karpfen beißt, kann der Drill 20 bis 30 Minuten dauern. Karpfen über 20 Kilogramm sind möglich. Nach dem Fang wird der Fisch gewogen, fotografiert und immer schonend zurückgesetzt. Manche bekannten Karpfen haben Namen und werden jahrzehntelang immer wieder gefangen. Die Karpfenangel-Community ist eng vernetzt, mit eigenen Magazinen, Messen und Meisterschaften. Es ist die teuerste und aufwändigste Form des Angelns. Aber die Leidenschaft ist enorm.

PROFI-TIPP:

Bevor du dich auf eine Spezialisierung wie Karpfenangeln oder Meeresangeln festlegst, probiere verschiedene Methoden aus. Miete ein Boot für einen Tag, versuche mal Nachtangeln, teste Spinnfischen und Posenangeln. So findest du heraus, was dir wirklich Spaß macht. Viele Anfänger investieren tausende Euro in eine Methode und merken dann, dass es doch nicht ihr Ding ist. Experimentiere erst, dann spezialisiere dich. Und denk daran: Der beste Angler ist nicht der mit der teuersten Ausrüstung, sondern der mit der meisten Erfahrung und Geduld.

Profi-Angler & Kultur

FAKT 61:

Profiangler verdienen Geld

Ja, es gibt tatsächlich Menschen, die vom Angeln leben können und damit gutes Geld verdienen. Professionelle Wettkampfangler reisen um die Welt zu Turnieren mit Preisgeldern von mehreren hunderttausend Dollar. Dazu kommen lukrative Sponsorenverträge mit Ausrüstungsherstellern, die jährlich fünf- oder sechsstellige Summen zahlen können. YouTuber und Influencer verdienen durch Werbung, gesponserte Videos und Produktplatzierungen. Manche haben Millionen Abonnenten und verdienen mehr als ein Arzt. Angelguides führen Touristen zu den besten Spots und verlangen 200 bis 500 Euro pro Tag. Auch Angelbuchautoren, Fotografen und Ausrüstungstester können davon leben. Es ist jedoch ein harter, unsicherer Weg. Die meisten Profis haben jahrelang nebenbei gearbeitet, bevor sie den Sprung wagten. Und nur die absolute Elite verdient wirklich gut. Für jeden erfolgreichen Profi gibt es hunderte, die es versucht haben und gescheitert sind. Aber der Traum, das Hobby zum Beruf zu machen, treibt viele an.

FAKT 62:

Angeln in der Literatur

Angeln hat eine lange und ehrwürdige Tradition in der Literatur und Philosophie. Ernest Hemingway schrieb mit Der alte Mann und das Meer einen Klassiker über einen Fischer und seinen epischen Kampf mit einem riesigen Marlin. Das Buch gewann den Pulitzer-Preis und machte Angeln zur Metapher für den menschlichen Kampf gegen die Natur. Auch Izaak Walton schrieb bereits 1653 The Compleat Angler, eines der meistgedruckten Bücher der englischen Literatur. Es verbindet Angeltechniken mit Philosophie und Poesie. Viele Schriftsteller, von Mark Twain bis zu Hermann Hesse, waren passionierte Angler und ließen es in ihre Werke einfließen. Angeln wird oft als Symbol für Geduld, Kontemplation und die Verbindung zur Natur genutzt. In Japan hat Fliegenfischen sogar eine spirituelle Dimension. Es geht nicht nur ums Fangen, sondern um innere Ruhe und Harmonie. Diese kulturelle Tiefe macht Angeln zu mehr als nur Sport, es ist Kunst, Meditation und Lebensphilosophie zugleich.

FAKT 63:

Die teuerste Angelreise

Luxusangelreisen können absurde Summen kosten und sind das Gegenteil von Entspannung am heimischen See. Eine Woche Lachsangeln in Alaska mit Privatflug, luxuriöser Lodge, Gourmet-Essen und persönlichem Guide kostet leicht 15.000 bis 30.000 Dollar pro Person. Noch extremer sind Expeditionen zum Thunfischangeln vor Japan oder Marlin-Touren in der Karibik, wo man auf privaten Yachten wohnt und von internationalen Experten betreut wird. Diese Reisen kosten 50.000 Dollar und mehr. Aber dafür fischt man in unberührten Gewässern, wo Fische über 300 Kilogramm schwimmen. Die Boote sind mit modernster Technik ausgestattet, haben klimatisierte Kabinen und Sterneköche an Bord. Für normale Angler absolut unbezahlbar und unrealistisch. Aber es zeigt, dass Angeln alle sozialen Schichten durchzieht, vom Arbeiter am Dorfteich bis zum Milliardär auf seiner Luxusyacht. Der Reiz bleibt derselbe: Die Verbindung zur Natur und die Hoffnung auf den großen Fang.

FAKT 64:

Weltrekorde im Angeln

Die International Game Fish Association führt akribisch Buch über Weltrekorde im Angeln, sortiert nach Fischart und Schnurklasse. Manche dieser Rekorde sind über 50 Jahre alt und scheinen unschlagbar. Der größte jemals gefangene Wels wog 293 Kilogramm, gefangen in Thailand. Der größte Hai mit Angelrute war ein Weißer Hai mit 1208 Kilogramm. Der längste Drill dauerte 37 Stunden bei einem Marlin, wobei sich mehrere Angler abwechselten. Es gibt auch skurrile Rekorde: Die meisten Fische in 24 Stunden, der weiteste Wurf, der älteste gefangene Fisch. Jeder Rekord muss streng dokumentiert werden mit Fotos, Zeugen und Vermessung. Manche Angler jagen ihr ganzes Leben nach einem Weltrekord. Die Chancen sind minimal, aber die Faszination ist groß. In Deutschland werden Rekorde vom VDSF dokumentiert. Der größte deutsche Wels wog 150 Kilogramm. Rekorde motivieren Angler weltweit, ihre Grenzen zu erweitern und nach dem ultimativen Fang zu streben.

FAKT 65:

Anglerlatein und Geschichten

Anglerlatein ist die uralte Tradition, Fanggeschichten zu übertreiben und auszuschmücken. Der Fisch war nicht 2 Kilo, sondern mindestens 5. Er hat nicht 10 Minuten gekämpft, sondern eine halbe Stunde. Und er ist nicht einfach entkommen, sondern hat die Schnur zerrissen wie Superman. Jeder Angler kennt das, jeder macht es. Es gehört zur Kultur dazu. Warum? Weil die besten Geschichten die sind, die man nicht beweisen kann. Der entkommene Fisch wird mit jedem Erzählen größer, bis er irgendwann mythische Dimensionen erreicht. Es gibt sogar ein Sprichwort: Lügen wie ein Zahnarzt ist nichts gegen Lügen wie ein Angler. Aber es ist liebenswert und harmlos. Niemand glaubt wirklich, dass der Karpfen 25 Kilo wog. Aber es macht Spaß, die Geschichte zu hören und zu erzählen. Anglerlatein ist Folklore, Unterhaltung und Teil der Gemeinschaft. Ohne Übertreibung wäre Angeln nur halb so unterhaltsam. Die beste Geschichte gewinnt, nicht der größte Fisch.

FAKT 66:

Frauen in der Angelszene

Angeln galt lange als reine Männerdomäne, aber das ändert sich glücklicherweise rapide. Immer mehr Frauen entdecken das Angeln für sich und sind oft genauso erfolgreich oder sogar erfolgreicher als Männer. Warum? Frauen haben oft mehr Geduld, sind präziser bei der Köderpräsentation und weniger ego-getrieben. Sie angeln aus Freude, nicht aus Wettbewerb. Mittlerweile gibt es eigene Angelgruppen für Frauen, weibliche Profi-Angler mit Sponsorenverträgen und YouTube-Kanäle von Anglerinnen mit Millionen Abonnenten. Auch die Ausrüstungsindustrie hat reagiert und bietet speziell angepasste Ruten, Kleidung und Ausrüstung für Frauen an. Der Anteil weiblicher Angler steigt jährlich. In manchen Ländern wie den USA ist fast ein Drittel aller Angler weiblich. Das ist großartig für den Sport, denn Vielfalt bereichert. Und es zeigt: Angeln ist für alle da, unabhängig von Geschlecht, Alter oder Herkunft. Es geht um die Liebe zur Natur, nicht um Geschlechterstereotype.

FAKT 67:

Angeln und Umweltschutz

Verantwortungsvolle Angler sind oft die besten Umweltschützer, denn sie haben ein direktes Interesse an sauberen Gewässern und gesunden Fischbeständen. Viele Angelvereine organisieren regelmäßig Müllsammelaktionen an Ufern und im Wasser. Plastikflaschen, alte Schnüre, weggeworfene Haken all das bedroht Fische und andere Tiere. Angler setzen sich auch für Renaturierung von Flüssen, Schutz von Laichplätzen und nachhaltige Fischerei ein. Ohne gesunde Ökosysteme kein Angeln. Das verstehen die meisten. Leider gibt es auch schwarze Schafe, die Müll hinterlassen oder verbotene Fische mitnehmen. Aber die Mehrheit verhält sich vorbildlich. Auch beim Köder wird auf Nachhaltigkeit geachtet: Viele verzichten auf Lebendköder aus Übersee, die Krankheiten einschleppen können. Catch and Release schont die Bestände. Und der bewusste Umgang mit der Natur wird von Generation zu Generation weitergegeben. Angeln und Naturschutz gehören zusammen. Wer die Natur liebt, schützt sie auch.

FAKT 68:

Angeln als Therapie

Angeln wird zunehmend als Therapie eingesetzt, besonders für Veteranen, Trauma-Patienten und Menschen mit Depressionen oder Angststörungen. Warum funktioniert es? Angeln zwingt einen, im Moment zu sein, achtsam und konzentriert. Man kann nicht grübeln, wenn man auf die Pose starren muss. Die Natur wirkt beruhigend, das Wasser meditativ. Studien zeigen, dass regelmäßiges Angeln die Symptome von PTSD und Depressionen signifikant reduzieren kann. Es gibt sogar spezielle Programme, wo Therapeuten mit Patienten gemeinsam angeln gehen. Die Kombination aus Natur, Bewegung, Erfolgserlebnissen und sozialer Interaktion ist heilsam. Auch für Kinder mit ADHS ist Angeln eine bewährte Methode, Ruhe und Konzentration zu lernen. In den USA gibt es die Organisation Wounded Warriors, die Veteranen durch Angeln hilft. In Deutschland bieten manche Vereine ähnliche Programme an. Angeln ist also nicht nur Hobby, sondern kann echte medizinische Wirkung haben. Manchmal ist die beste Medizin eine Angelrute und ein stiller See.

FAKT 69:

Angeln verbindet Generationen

Angeln ist eine der wenigen Aktivitäten, die wirklich alle Generationen verbinden kann. Großväter nehmen ihre Enkel mit ans Wasser, vermitteln Geduld, Wissen und Geschichten. Es ist Quality Time ohne Ablenkung durch Smartphones oder Fernseher. Nur die Natur, die Ruten und Zeit miteinander. Diese gemeinsamen Erlebnisse prägen fürs Leben. Viele Erwachsene erinnern sich mit Wehmut an ihre ersten Angelausflüge mit dem Vater oder Großvater. Diese Momente schaffen Bindung und Tradition. Angeln wird von Generation zu Generation weitergegeben, mit all dem Wissen, den Techniken und den Lieblingsplätzen. Es ist lebendiges Erbe. Auch innerhalb von Familien stärkt Angeln die Beziehungen. Eltern und jugendliche Kinder finden durch Angeln wieder zueinander. Es ist neutral, entspannend und schafft Gesprächsraum. In einer hektischen, digitalen Welt ist Angeln ein Anker, der Generationen verbindet. Ein zeitloses Geschenk, das man weitergeben kann. Und das Beste: Man braucht dafür kein Internet.

FAKT 70:

Die Philosophie des Angelns

Am Ende geht es beim Angeln nicht wirklich um Fische. Es geht um Entschleunigung in einer rastlosen Welt. Um Geduld in einer Zeit der Instant-Befriedigung. Um Stille in einer lauten Gesellschaft. Angeln lehrt Demut, die Natur ist stärker als wir. Es lehrt Akzeptanz, manchmal beißt einfach nichts. Es lehrt Hoffnung, der nächste Wurf könnte der große Fang sein. Es lehrt Achtsamkeit, man muss im Moment sein. Und es lehrt Wertschätzung, für die Natur, die Tiere, die einfachen Dinge. Angeln ist Meditation mit Aussicht auf Abendessen. Es ist Sport ohne Leistungsdruck. Es ist Abenteuer ohne große Gefahr. Es ist Geselligkeit und Einsamkeit zugleich. Jeder findet etwas anderes im Angeln. Manche die Ruhe, andere die Herausforderung, wieder andere die Gemeinschaft. Aber alle finden einen Moment der Pause, eine Auszeit vom Alltag. Und genau deshalb werden Menschen seit 40.000 Jahren nicht müde, eine Schnur ins Wasser zu werfen und zu hoffen. Angeln ist mehr als Fische fangen. Es ist eine Lebensphilosophie. Petri Heil!

PROFI-TIPP:

Vergiss nie, warum du ursprünglich angeln gegangen bist. Nicht für Instagram-Fotos, nicht für Weltrekorde, nicht für den nächsten Wettkampf. Sondern für die Ruhe, die Natur, den Moment. Wenn du merkst, dass Angeln zum Stress wird, mach eine Pause. Geh ohne Rute ans Wasser, einfach nur zum Schauen. Erinnere dich an das Gefühl, das dich anfangs fasziniert hat. Und dann komm zurück, mit frischer Perspektive. Die Fische laufen nicht weg. Aber die Freude am Angeln kann verloren gehen, wenn man den Kern vergisst. Also: Genieße jeden Moment am Wasser, ob mit oder ohne Fisch.

Schlussworte

Herzlichen Glückwunsch! Du hast dich durch 70 ausführliche Fakten über das Angeln gekämpft, gelesen und hoffentlich auch gelacht. Du weißt jetzt mehr über Angelruten, Fischverhalten, geheime Techniken und die Tücken der Natur als 95% der Bevölkerung und wahrscheinlich mehr als einige selbsternannte Profis. Ob du damit tatsächlich mehr Fische fängst, steht auf einem anderen Blatt Papier. Aber zumindest kannst du jetzt am Wasser intelligent und kompetent klingen, während du geduldig auf einen Biss wartest und dich fragst, ob du nicht doch lieber Fischstäbchen hättest kaufen sollen.

Denk immer daran: Angeln ist weit mehr als nur Fische fangen. Es ist wertvolle Zeit in der wunderschönen Natur, heilsame Entschleunigung vom hektischen Alltag, meditative Momente der Stille und die ewige, unerschütterliche Hoffnung, dass hinter dem nächsten Wurf das große Abenteuer lauert. Und wenn nicht, dann hast du wenigstens frische

Luft geschnuppt, keine nervigen E-Mails beantwortet, und die Welt für ein paar Stunden hinter dir gelassen. Das allein ist schon viel wert in unserer schnelllebigen Zeit.

In diesem Sinne: Petri Heil, bleib geduldig, bewahre deinen Humor, und vergiss niemals, dass der größte und legendärste Fisch immer der ist, der entkommen ist! Denn der wächst mit jeder Erzählung und wird irgendwann so groß wie ein Wal.

Ende

Mögen all deine Schnüre halten und all deine Würfe präzise sein!